0~3岁

育儿百科
一周一读

吴光驰 | 首都儿科研究所保健科主任医师
主 编 | 中国优生科学协会理事

U0389498

吉林科学技术出版社

图书在版编目（CIP）数据

0~3岁育儿百科一周一读/吴光驰主编. —长春：吉林科学技术出版社, 2014.4

ISBN 978-7-5384-7306-3

Ⅰ.①0… Ⅱ.①吴… Ⅲ.①婴幼儿－哺育 Ⅳ.①TS976.31

中国版本图书馆CIP数据核字(2013)第308367号

本社广告经营许可证号：2200004000048

0~3岁育儿百科一周一读

主　　编	吴光驰							
编委会	吴光驰	刘红霞	牛东升	李青凤	石艳芳	张金华	石 沛	安 鑫	魏丽朋
	戴俊益	李明杰	于永珊	葛龙广	霍春霞	高婷婷	杨 硕	李 迪	余 梅
	李 利	王能祥	崔 倩	郑 蕊	杨纪云	石玉林	樊淑民	谢铭超	王会静
	陈 旭	王 娟	徐开全	杨慧勤	卢少丽	张 瑞	李军艳	崔丽娟	季子华
	吉新静	石艳婷	陈进周	李 丹	逯春辉	刘 毅	李 军	张 伟	高 杰
	高 坤	高子珺	韩建立	杨 丹	李 青	梁焕成	高 赞	高志强	高金城
	邓 晔	常玉欣	黄山章	侯建军	李春国	王 丽	袁雪飞	张玉红	张景泽
	张俊生	张辉芳	张 静	赵金萍	王长啟	崔文庆	李 鹏	石 爽	王 娜
	金贵亮	程玲玲	段小宾	王宪明	杨 力	孙君剑			

出版人　　李 梁
策划责任编辑　吴文凯　赵洪博
执行责任编辑　赵洪博
开　　本　167mm×235mm　1/16
字　　数　128千字
印　　张　15
印　　数　1-10000
版　　次　2014年4月第1版
印　　次　2014年4月第1次印刷
出　　版　吉林科学技术出版社
发　　行　吉林科学技术出版社
地　　址　长春市人民大街4646号
邮　　编　130021
发行部电话/传真　0431-85677817　85635177　85651759
　　　　　　　　　85651628　85600611　85670016
储运部电话　0431-84612872
编辑部电话　0431-86037698
网　　址　www.jlstp.net
印　　刷　延边新华印刷有限公司
书　　号　ISBN 978-7-5384-7306-3
定　　价　39.90元

宝宝呱呱坠地了，幸福的爸爸妈妈感受到无比的高兴，因为宝宝是父母爱的结晶，也是上天赐给父母最宝贵的礼物。伴随着宝宝的降生，宝宝的成长成为了每一对父母最关心的问题，爸爸妈妈都希望自己的宝宝能够聪明健康，然而对于刚刚当上爸爸妈妈的人来说，如何科学养育宝宝是一个比工作任务更加棘手的问题，这可怎么办呢？

别急，为了帮助新手爸妈不留遗憾地科学育儿，我们精心策划了这本书。书中按照宝宝发育的周龄介绍了新手爸妈在宝宝喂养、护理、智力开发等方面需要注意的事项。其中"宝宝的营养中心"详细介绍了每周宝宝饮食营养当中的注意事项，并配有营养食谱，为宝宝成长添助力；"宝宝护理全解说"讲解了宝宝每周需要注意的护理问题，更有"婴语小词典"帮你解读宝宝"不能说出的秘密"；"益智游戏小课堂"帮助宝宝开发智力，促进各方面的身体发育，让你的宝宝更加聪明、健康。

虽然会有迷茫，会有疲惫，但是，当你看到那娇小可爱的身躯，当你听到宝宝第一声稚嫩的"爸爸""妈妈"，当你看到宝宝向你们蹒跚走来，心里像是有一颗糖融化了，甜甜的、美美的。父母脸上的笑容也变成世界上最美的风景了。

目录

CONTENTS

part 2　1~2岁 快乐的成长期

part 3 · 2~3岁 入园前的准备

0~3 岁宝宝生长检测表

宝宝出生之后，爸爸妈妈最关心的就是宝宝的健康状况，那么，该怎么样判断宝宝是不是健康呢？爸爸妈妈可以在宝宝 0~3 岁之间每隔一段时间对他进行一次体检，这样可以做到心中有数，为宝宝的健康成长保驾护航。

体检次数和体检时间	监测指标	宝宝发育特点
第 1 次体检（宝宝出生后 42 天进行）	动作发育	其小胳膊、小腿总是喜欢呈屈曲状态，两只小手握着拳
	视力	能注视较大的物体，双眼很容易追随手电筒光单方向运动
	骨骼	宝宝从出生后第 14 天就可开始服用维生素 AD 制剂，宝宝满 6 个月后就可以抱出去晒太阳，促进钙的吸收
	微量元素	宝宝在 6 个月以内，每日需要钙 600mg，而其从母乳或奶粉中只能摄取到 300mg 左右
第 2 次体检（宝宝满 3 个月时进行）	动作发育	能支撑住自己的头部。俯卧时，能把头抬起并和肩胛成 90 度。扶立时两腿能支撑身体
	视力	双眼可追随运动的笔杆，而且头部亦随之转动
	听力	听到声音时，会表现出注意倾听的表情，人们跟他谈话时头部会试图转向谈话者
	口腔	宝宝的唾液腺正在发育，经常有口水流出嘴外
	微量元素	继续补钙和维生素 D，而且要添加新鲜菜汁、果泥等补充容易缺乏的维生素 D
第 3 次体检（宝宝满 6 个月时进行）	动作发育	已经会翻身，会坐但还坐不太稳。会伸手拿自己想要的东西，并塞入自己口中
	认知	对人有了分辨的能力，开始出现"认生"的现象，并有分离焦虑
	视力	对鲜艳的目标或玩具可注视约半分钟
	听力	注意并环视寻找新的声音来源，头部能转向发出声音的地方
	牙齿	6 个月的宝宝有些可能长了 2 颗牙，有些还没长牙，要多让宝宝咬一些稍硬的固体食物，促进牙齿生长。由于出牙的刺激，唾液分泌增多，流口水现象会继续并加重，有些宝宝会出现咬乳头现象
	血液	6 个月后，由母体得来的造血物质基本用尽。若补充不及时，易发生贫血。对贫血应尽早发现并纠正
	骨骼	6 个月以后的宝宝，钙的需求量越来越大，每日需钙 400mg。缺钙会形成夜间睡眠不稳、多汗、枕秃等

第 4 次体检（宝宝满 9 个月时进行）	动作发育	能够坐得很稳，能由卧位坐起而后再躺下，能够灵活地前后爬，扶着栏杆能站立。拇指和食指能协调地拿起小物件。能够对一些简单用语做出对应动作，如听到"再见"就摇手等
	认知	能听懂简单字词，知道自己的名字，模仿发单音开始，会找出当面隐藏起来的玩具
	视力	能注视画面上单一的线条，视力约 0.1
	牙齿	宝宝乳牙的萌出时间，大部分在 6~8 个月，宝宝乳牙颗数的计算公式：月龄减去 4~6。此时要注意保护牙齿
	骨骼	每天让宝宝外出进行户外活动，促使皮肤制造维生素 D，同时还应继续服用钙片和维生素 AD 制剂
	微量元素	检查宝宝体内的微量元素含量，此时易缺钙、锌。缺锌的宝宝一般食欲不好，免疫力低下，易生病
第 5 次体检（宝宝满 1 周岁时进行）	动作发育	这时宝宝能自己站起来，能扶着东西行走，能手足并用爬台阶
	认知	初步建立时间、空间因果关系。如看见奶瓶会等待吃奶，看见妈妈倒水入盆会等待洗澡，喜欢扔东西让大人捡。穿衣时已能简单配合。喜欢探究一些新鲜的东西，如有洞的、能发声的物品，易出现意外伤害
	视力	可拿着父母的手指指鼻、头发或眼睛，大多会抚弄玩具或注视近物，会用棍子够玩具
	听力	喊他时能转身或抬头
	牙齿	按公式计算，应出 4~6 颗牙齿。乳牙萌出时间最晚应不超过 1 周岁。如果宝宝出牙过晚或出牙顺序颠倒，就要寻找原因。每日需钙 600mg
第 6 次体检（宝宝满 18 个月时进行）	动作发育	能够独立行走，会倒退走，但不会突然止步，有时还会摔倒。能扶着栏杆一级一级上台阶，下台阶时，会用臀部着地坐着下。会搭 2 层积木，能模仿大人用笔涂画
	认知	能用手指出想要的东西，能听懂大多数日常用语，会说 20~50 个词，不会用代词
	视力	此时应注意保护宝宝的视力，尽量不让宝宝看电视，避免斜视
	听力	会听懂简单的话，并按你的要求做
	大小便	能够控制大小便，在白天也能控制小便。如果尿湿了裤子，也会主动示意
	血液	宝宝须检查血红蛋白，看是否存在贫血

第 7 次 体检（宝宝满 2 周岁时进行）	动作发育	能走得很稳，还能跑，能够自己单独上下楼梯。能把珠子串起来，会用蜡笔在纸上画圆圈和直线
	认知	会对任一个目标扔球，能对大人的指示做出反应，能搭 5~6 块积木，能用语言表示喜好和不快，注意力可集中 8~10 分钟。会有后悔和嫉妒情绪。大小便白天能够控制
	听力	掌握了 300 个左右的词汇，会说简单的句子。如果宝宝到 2 岁仍不能流利说话，要到医院去做听力检查
	牙齿	20 颗乳牙大多已出齐，此时要注意保护牙齿
第 8 次 体检（宝宝满 30 个月时进行）	动作发育	能控制身体的平衡，会跑、踢球等动作。能用勺子自己吃饭，会折纸，捏彩泥
	认知	能准确识别圆、方、三角、半圆等形状，能说出自己的名字，能搭 8 块积木，会画直线，能自己吃饭而几乎不撒落，注意力可集中 10 分钟以上
	牙齿	20 颗乳牙已出齐，上下各 10 颗，能进食全固体食物
	语言	能说完整句子，会唱简单的歌
第 9 次 体检（宝宝满 3 周岁时进行，多为入园体检）	动作发育	完成蹦跳、踢球、越障碍、走 S 线等动作，能用剪刀、筷子、勺子。会左右脚交替上楼梯，能蹬三轮车
	认知	能看图识物体，并说出来，能一页一页地翻书，背诵简单词句，可辨别 3 种以上颜色，4 个以上图形，听懂 800~1000 个词，能理解故事中的大部分内容，开始与小朋友互动交流，能自己解开纽扣，会发脾气，开始出现逆反心理，认识性别差异
	视力	宝宝到 3 岁时，视力达到 1.5。此时宝宝应进行一次视力检查，预防弱视
	牙齿	医生会检查是否有龋齿，牙龈是否有炎症

注：各地现在已经普遍设立了儿童保健卡，在 0~3 岁之间进行 9 次体检。如果在养育宝宝的过程中有些什么疑惑或担心，可以拨打所在地区或地段的妇幼保健院的电话，以获得对宝宝营养保健的及时指导，及早发现疾病，对症治疗

我出生啦

贴宝宝照片处

拍摄日期 _____ 年 _____ 月 _____ 日

宝宝姓名 _____ 乳名 _____ 性别 _____

出生日期 _____ 年 _____ 月 _____ 日星期 _____　_____ 时 _____ 分

农历 _____ 年 _____ 月 _____ 日

出生地点 _____

身长 _____ 厘米 体重 _____ 千克

属相 _____

外貌像谁 _____

最可爱的特征 _____

留下自己的小手印和小脚印

贴宝宝小手印和小脚印

爸爸妈妈对宝宝的寄语

_____

_____

_____

_____

_____

_____

_____

PART

1

0~1岁

可爱的小天使

第 1~4 周（1 个月宝宝）

我生活的主旋律：吃奶、睡觉

我在妈妈的肚子里面待了 10 个月，现在我出生了，开始我自己的美妙人生。在这个月里，我每天处于吃和睡的快乐生活中，所以这段时间也是我人生中成长最快的时期。

妈妈育儿备忘录

1. 新生儿出生后就有视力。新生儿视焦距调节能力差，最合适的距离是 20 厘米，在观察事物的过程中可刺激宝宝大脑的发育。

2. 宝宝最喜欢的是妈妈温柔的声音和笑脸，当妈妈轻轻地呼唤宝宝时，他会转过脸来看妈妈。

3. 新生儿不喜欢音量过大的声音，如在耳边听到音量大的噪声，头部会转到相反的方向，甚至用哭声来抗议这种干扰。

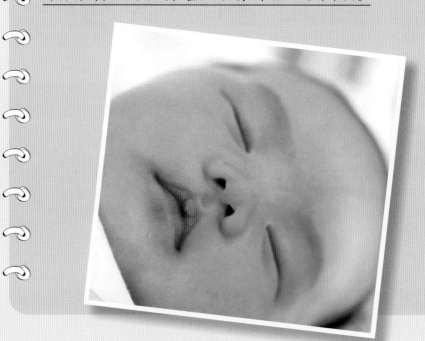

宝宝成长小档案

	男宝宝	女宝宝
体重	2.5~4.2 千克	2.4~4 千克
身高	46.1~53.7 厘米	45.4~52.9 厘米
生理发展	俯卧时，能将下巴抬起片刻，头会转向一侧	
心智发展	会哭着寻找帮助	
感官与反射	手指被掰开时，会抓取东西，但东西很快会掉下来	
社会发展	会抓紧抱着他的人	
预防接种	乙型肝炎疫苗：出生后 1 个月内 2 次接种 卡介苗：出生后 24 小时内第 1 次接种	

宝宝的神奇本领

吸吮反射

当乳头、手指或其他物体碰到宝宝的嘴唇时，他会立即做出吃奶的动作。

觅食反射

如果你用手指轻轻碰宝宝的面颊，宝宝会把头转向手指并把小嘴张开。

怀抱反射

宝宝被抱起时，他会本能地紧紧靠贴着你。

抓握反射

用手指碰宝宝的掌心，宝宝会立即紧紧握住手指，如果你试图拿走，宝宝会抓得更紧。

眨眼反射

物体或气流刺激睫毛、眼皮或眼角时，宝宝会做出眨眼的动作。这是一种防御本能，可以保护眼睛。

惊跳反射

受到突如其来的噪声刺激，或者被猛地放到床上，宝宝会立即把双臂伸直，张开手指，弓起背，头向后仰，双腿挺直。

蜷缩反射

新生宝宝的脚背碰到平面边缘时，会做出像小猫那样的蜷缩动作。

宝宝的营养中心

初乳——宝宝的天然免疫美食

新妈妈在产后最初几天分泌的乳汁称为初乳，虽然不多但价值非常大。初乳中脂肪含量较低，并且富含抗体、蛋白质及宝宝所需要的各种酶类、碳水化合物等，这是一些代乳品无法比拟的。此外，初乳中的免疫物质可以覆盖在新生宝宝的肠道表面，阻止细菌、病毒的入侵；还可以促进脂类物质的排泄。

以母乳喂养宝宝不仅可以提高宝宝身体的免疫力，还能促进新妈妈产后身材的恢复

初乳的好处

1. 免疫球蛋白可以结合肠道内的细菌、病毒等微生物，抵抗感染，促进新生儿的健康发育。

2. 含有保护肠道黏膜的抗体，能防止肠道疾病。

3. 蛋白质的含量高、热量高，容易消化和吸收。

4. 能刺激肠胃蠕动，加速胎便排泄，加快肝肠循环，减轻新生儿黄疸。

喂母乳的正确姿势

哺乳的正确姿势有以下四种：

摇篮式

摇篮式是最常见的一种哺乳方式。宝宝的头部枕着妈妈的手臂，腹部向内，而妈妈的手应托着宝宝的臀部，方便身体接触。妈妈利用软垫或扶手支撑手臂，手臂的肌肉便不会因为抬肩过高而拉得绷紧。采用这种喂哺姿势时，妈妈可以把脚放在脚踏或小凳子上，这样有助身体放松。

半躺式

在分娩后的最初几天，妈妈坐起来仍有困难，这时，以半躺式的姿势喂哺宝宝最为适合。背后用枕头垫高上身，斜靠躺卧，让宝宝横倚着妈妈的腹部进行哺乳。

揽球式

在喂哺双胞胎时，或同时有另一个孩子想依偎着妈妈时，这种姿势尤为适合。宝宝躺在妈妈的臂弯，臀部相对，有需要时可用软垫支撑，而妈妈的下臂应托着宝宝的背部，身子应稍微前倾，让宝宝靠近乳房。开始喂哺后，妈妈便可放松及将身体后倾。这种姿势能让宝宝吸吮下半部乳房的乳汁。

侧卧式

产后新妈妈身体还没有恢复好，侧卧式是最适合的方式。妈妈在晚上喂哺或想放松一下时，可采用这种姿势。妈妈和宝宝都侧卧在床上，腹部相对，这样宝宝的口便会正对乳头。妈妈的手臂及肩膀应平放在床垫上，只有头部以枕头承托。妈妈可用卷起的毛巾或类似物品垫着宝宝，让宝宝保持同一姿势。注意：妈妈的乳房不要堵住宝宝的鼻孔，特别是在夜间哺乳的时候，一般要用一个手指轻轻压住该侧乳房，露出宝宝鼻孔。

宝宝TIPS

1. 喂母乳前，妈妈应先用热毛巾按摩肿胀的乳房，然后喂奶，两边的乳房要交替着喂。

2. 妈妈在给宝宝喂完奶后，最好将宝宝抱起来轻拍其背部，让宝宝打嗝后再缓缓放下，这能有效防止宝宝溢乳。

配方奶粉是宝宝的候补营养源

如果妈妈没有母乳或是无法进行母乳喂养，可以实行人工喂养。从母乳喂养改换为配方奶喂养后，要密切观察宝宝的生长、食欲和大小便等情况。

用配方奶喂养宝宝的注意事项：

1. 不要过浓或过稀。太浓的话，宝宝不易吸收，会引起腹泻，太稀会造成宝宝生长速度减慢。

2. 温度不要太高。妈妈的体温是37℃左右，这个温度也是配方奶中各种营养存在的适宜条件，同时适合宝宝的肠胃吸收。

3. 放置时间不要太久，否则容易污染变质。配方奶比较容易滋生细菌，冲调好的配方奶不能再进行高温煮沸消毒，所以冲泡时一定要注意卫生。

营养
百分食谱

下乳汁、滑
肌肤

花生炖猪脚

材料 猪蹄两只（约 1000 克），花生米 50 克。

调料 盐 4 克。

做法

1. 猪蹄洗净，用刀划口，便于入味。

2. 将猪蹄、花生米放入锅中，加适量清水，大火烧开，撇去浮沫，用小火炖至熟烂，加盐调味，骨能脱掉时即可。

宝宝护理全解说

诠释新生儿黄疸

新生儿黄疸，分为生理性黄疸和病理性黄疸两种。

	生理性黄疸	病理性黄疸
概述	60% 的宝宝在出生 72 小时后，会出现生理性黄疸	当黄疸过高或者持续不退时，就需要就医以判断宝宝是不是病理性黄疸了
出现的原因和表现	由于新生儿血液中胆红素释放过多，而肝脏功能尚未发育成熟，无法将全部胆红素排出体外，胆红素聚集在血液中，即引起了皮肤变黄。这种现象先出现于脸部，进而扩散到身体的其他部位	引起病理性黄疸的原因可能有：母亲与宝宝血型不合导致的新生儿溶血症、新生儿出生时有体内或皮下出血、新生儿感染性肺炎或败血症、新生儿肝炎、胆道闭锁等
应对措施	1. 生理性黄疸属于正常现象，不需要治疗，一般在出生 14 天后自然消退 2. 很多母乳喂养的宝宝，由于母乳的原因，黄疸的消退会慢些，可以暂停母乳3~5 天 3. 若黄疸程度较严重，可根据医生诊断采用光照疗法	黄疸过高有可能对新生儿智力产生影响，因此一定要及早就医

新妈妈一定要让宝宝多吃些初乳，这不但能够满足新生儿生长发育的所有需要，增强免疫力，还有促脂类排泄的作用，能减少黄疸的发生

选择纸尿裤的 3 大窍门

超强的吸水力

宝宝的水代谢非常活跃，而且膀胱又小，每天都要排好多次尿。如果护理不及时，屁屁经常处于潮湿的状态，容易形成尿布疹。所以，在选择纸尿裤时，应挑选那些含有高分子吸收体、具有超强集中吸收能力的。这样的纸尿裤形成的凝胶能承受相当于自重 80 倍的液体，因此能使宝宝的小屁屁保持干爽，从而预防发生尿布疹。

柔软且无刺激性

宝宝的皮肤角质层很薄，因此与宝宝皮肤接触的纸尿裤的表面应柔软舒适，包括伸缩腰围、粘贴胶布。而且，不应含有刺激性的成分，以免引起过敏。

透气性要好

宝宝皮肤上的汗腺排汗孔仅有成人的二分之一大，甚至更小。如果湿气和热气不能及时散出，宝宝的屁屁就会潮湿，促发热痱。因此，选择纸尿裤要注意是否透气。如果热气和湿气聚集在纸尿裤里，也会诱发尿布疹。

妈妈要给宝宝选择大品牌的纸尿裤，它们的质量有一定的保证

新生儿肚脐的处理

正常情况下，在宝宝出生后 5~15 天脐带就会自然干燥并脱落。

刚脱落的脐带会渗出血水，需要特别护理。不论脐带是否脱落，肚脐都可按下面方法来处理：

1. 每天清洁肚脐部位。宝宝的肚脐处痛感不敏感，妈妈可以放心清洁。

2. 清洁完毕，要用干净的毛巾将肚脐处的水分擦干。

3. 用棉花棒蘸 75% 的乙醇涂于肚脐处，由脐带根部（或凹处）开始向外擦至皮肤。

4. 每次换尿布时，需要检查脐部是否干燥。如发现脐部潮湿，就用 75% 的乙醇再次擦拭。75% 乙醇的作用是使脐带加速干燥，干燥后易脱落，也不易滋生细菌。脐带脱落后，也可按此方法处理。

溢乳

许多宝宝在出生两周后会经常吐奶。在宝宝刚吃完奶，或者刚被放到床上时，奶就会从宝宝嘴角溢出。吐完奶后，宝宝并没有任何异常或者痛苦的表情。这种吐奶是正常现象，也称"溢乳"。

为什么会溢乳

由于小宝宝的胃呈水平状、容量小，而且入口的贲门括约肌弹性差，容易导致胃内食物反流，从而出现溢乳。有的宝宝吃奶比较快，会在大口吃奶的同时咽下大量空气，平躺后这些气体会从胃中将食物顶出来。

怎样避免溢奶

在宝宝吃完奶后，不要马上把他放床上，而应该竖抱宝宝，让宝宝趴在妈妈的肩头，再轻轻用手拍打宝宝的后背，直到宝宝打嗝为止。这样帮助宝宝排出胃里的气体后，就不会有溢奶现象了。

婴语小词典

哭

宝宝自述：我不会说话，但我发现哭是很好的法宝，一哭妈妈就来及时关注我。饿的时候哭，不想起床了哭，不想穿衣服了哭，爸爸的胡须扎疼我了也哭。哭就是我的语言！

婴语解析：所有的宝宝都会时不时地哭一哭，哭是他们表达需求最主要的方式，就算是完全健康的宝宝每天也会哭一两小时。一项研究显示，宝宝在0~3月龄哭得最多，每天哭120分钟，4月龄后减少到每天哭60分钟。有时候哭是因为宝宝中枢神经系统不成熟，而不是对宝宝的照顾不周引起的。

育儿专家怎么说：宝宝会在饿了、渴了时用哭声提醒妈妈，这种哭声时高时低，会持续一段时间。如果宝宝尿了、拉了，妈妈未发现，宝宝也会用哭声来提醒，这种哭嗓门不大，也不是特急。如果不到该喂奶的时间宝宝哭了，要及时检查宝宝的尿布，如发现有屎或尿，要及时给宝宝洗净屁股，更换尿布。

不同季节的护理

春季：避免刺激新生儿的呼吸道

春季气温不稳定，要随时调整室内温度，尽量保持室温恒定。春季风沙大，避免风沙进入室内，刺激新生儿的呼吸道，并且要保持室内的湿度。

夏季：注意宝宝的卫生

母乳是夏季新生儿最安全的食品。如果是人工喂养，一定要注意卫生、消毒奶瓶等。注意宝宝的皮肤护理，避免宝宝身体褶皱处出现痱子等。

秋季：预防腹泻

秋季是宝宝腹泻的高发季节，要注意预防。秋季宝宝外出时间减少，所以要及时给宝宝补充维生素D。

冬季：注意室内空气清新

北方冬季虽然寒冷，但是有取暖设备，宝宝不易受到寒冷的损伤。但是要注意室内空气的清新，有利于宝宝的健康发展。南方冬季气候温和，但是阳光少，室内多用空调，空气质量不好，可以在天气好的时候带宝宝外出晒晒太阳。

益智游戏小课堂

小手握握 | 精细动作能力

目的：帮助宝宝感受肢体运动的速度和节奏。

准备：无。

妈妈教你玩：

1. 让宝宝躺在舒适的小床上，妈妈举起宝宝的一只小手，在宝宝的视野前方晃动几下，引起宝宝对手的注意。
2. 妈妈一边念儿歌"小手小手摆一摆，小手小手跑得快"，一边轻轻晃动宝宝的小手，让宝宝的视线追随着手的运动。

爱心提醒

在念"跑得快"时，以稍微快些的速度将宝宝的小手平放到身体两侧。

宝宝 yi-ya-a-o | 语言能力

目的： 锻炼宝宝对语言的感知能力。

准备： 无。

妈妈教你玩：

1. 当宝宝的注意力集中在妈妈脸上时，妈妈不断地学习新生儿发出咿咿呀呀的声音，吸引宝宝发出类似"A-A"的声音，这时妈妈要模仿并拉长宝宝的声音，不断拉长，发出"A-A-A"及"A-A-A-A"，吸引宝宝继续发出类似的声音。
2. 经常给宝宝唱一些儿歌，可以是妊娠期给宝宝唱过的歌曲，也可以是新歌，只要节奏明快，朗朗上口即可。

小红花

花园里，篱笆下，

我种下一株小红花。

春天的太阳当头照，

春天的小雨沙沙下。

啦啦啦啦啦，

啦啦啦啦啦，

小红花张嘴笑哈哈。

爱心提醒

在教宝宝练习发音的时候，声音不易过大。

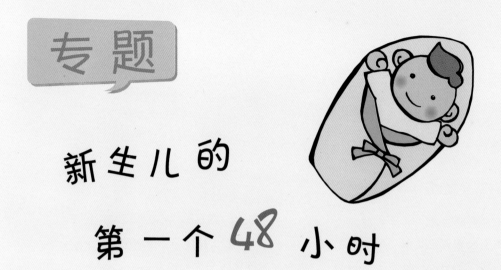

专题

新生儿的

第一个 48 小时

新生儿出生后的第一个 48 小时是一个非常关键的时期。医生会对宝宝进行一系列的处理和检查，以此来判断宝宝的健康状况和对外界的适应能力。如果宝宝身体状况良好，就可以回到妈妈的身边了；如果宝宝有一些不良状况，就需要进行一定的治疗。

宝宝出生后的 10 分钟

1. 剪脐带

脐带通常在新生儿出生后几分钟内被剪掉。如果爸爸可以进产房，可以亲自为宝宝剪脐带。如果不允许，那么护士会为宝宝剪脐带，并且剪短后的脐带根部，护士也会为宝宝细心地包扎。

2. 啼哭

宝宝的第一声啼哭，不仅宣告他来到人间，而且也是宝宝肺脏建立功能的开始，说明宝宝可以自己呼吸了，所以这哭声非常重要。如果宝宝出生后不能顺利呼吸，医生会采用吸引器吸出宝宝口腔、鼻腔中残留的黏液和羊水，保证宝宝呼吸顺畅。

有时候也需要拍打宝宝的小脚丫，刺激宝宝哭出声来。

3. 擦去胎脂

刚出生的宝宝，身上布满妈妈产道的血液和胎脂，护士会用湿巾为宝宝处理干净。

4. 说出性别

护士会抱着宝宝，告诉你：是男孩还是女孩？这时你一定要看清楚宝宝的重要特征，这可是很重要的一项内容。

5. 检查

阿普伽新生儿评分

宝宝出生后的第 1 分钟、5 分钟和 10 分钟，需要对新生儿的呼吸、心率、肤色、对刺激的反应及肌张力等进行评分，目的是检查新生儿是否适应新环境。评分≤3 分属于重度窒息，评分 3~7 分为轻度窒息，8~10 分为正常情况。医生会根据评分情况做出相应的处理。新生儿做完评分后，护士会给宝宝称体重、量身高，并检查有无疾病。

早产或宝宝体重超过 8 斤

如果宝宝早产或者身体有异样就会被送入新生儿监护室，接受检查。如果宝宝体重超过 8 斤，则需要验血，因为这可能是因为产妇在孕期患有妊娠期糖尿病，可能会导致新生儿出现低血糖。

宝宝出生后的 24 小时

1. 疫苗

宝宝出生后接种的第一种疫苗就是预防结核病的卡介苗，一般在新生儿出生 24 小时内进行接种，在新生儿左上臂外侧，三角肌附着处进行皮内接种。接种 2~3 天即可在接种部位看见红点似的针眼，几天后针眼消退。此外，在 24 小时内，新生儿还要接种乙肝疫苗，预防乙型病毒性肝炎。

2. 身体检查

在新生儿出生后 24 小时内，儿科医生会对宝宝进行细致的身体检查，并把测得的数据和孕妈妈孕早期测得的数据进行比较，看是否吻合。除此之外，还要检查宝宝的眼睛、生殖器、胎记、髋部是否有脱臼、锁骨是否正常等。

宝宝出生后，儿科医生会对宝宝进行全身的检查，以此确定宝宝的健康情况

3. 注射维生素 K

很多医院在宝宝出生后，会给宝宝注射维生素 K，以增加宝宝体内维生素 K 的含量，防止新生儿自然出血和维生素 K 缺乏引起的颅内出血，因为维生素 K 对凝血是必需的。

4. 尿色发红

妈妈可能会在宝宝尿布上看到红色，这时不要担心，这是尿酸盐的结晶，5~6 天后就会消失，这是正常现象。但是如果 6 天后仍然存在，就需要就医检查了。

5. 开始母乳喂养

出生后就可以喂母乳了

宝宝出生后就可以吸吮母乳。根据乳汁的生成和分泌过程来看，正常的妈妈在产后半小时就可以给宝宝喂奶。初乳含有丰富的免疫物质，能提高新生儿的免疫力，预防疾病的发生。就算泌乳不好的新妈妈，应尽量让宝宝频繁地吸吮妈妈的乳头，可以促进妈妈乳汁的分泌和子宫的恢复。

学习正确的喂奶姿势

喂奶时，宝宝的胸腹部要紧贴在妈妈的胸腹部，下颌紧贴妈妈的乳房。妈妈将拇指和四指分别放在乳房的上、下方，托起整个乳房。先用乳头触及宝宝的嘴，当宝宝嘴张大、舌头外伸展的一瞬间让宝宝的脸紧贴妈妈的乳房，这样宝宝就可以含住乳头及乳晕大部，只有正确的吸吮姿势，才能起到使乳汁越吸越多的目的。妈妈喂奶时，要全身放松，这样有利于乳汁分泌。

宝宝出生后不需要喂一些代乳品，因为宝宝出生前已经储存了能量，足够维持到妈妈喂母乳

6. 排胎便

宝宝出生后头 3 天的大便叫胎便

出生后24小时后内宝宝会排出黏稠、黑绿色的无臭大便。这是由于消化道分泌物、咽下的羊水和脱落的上皮细胞等组成的，3天左右转为正常。

护理好小屁屁

宝宝排便后，先用柔软的卫生纸或湿巾纸擦去便便，然后再用温水清洗，擦干后再图上一层护臀霜，防止尿布疹的发生，最后换上干净的尿布或纸尿裤。

如果没有排便，需要就医

如果宝宝出生后24小时内没有排胎便，就需要及时就医，检查是否有消化道畸形。

7. 女宝宝有月经

给女宝宝换尿布或纸尿裤时，会发现女宝宝私处有血性分泌物或黏液流出，和月经一样。这是因为受胎盘分泌的激素的影响，会有少量出血或白色阴道分泌物。看到血，不少爸爸妈妈会害怕，但这是正常现象，不用担心。不过如出血量增多或时间过长就需要接受检查了。

8. 宝宝长牙了

有些宝宝口腔里有一粒粒白点，好像长牙了。少的话可能有1~2颗，多的话可能有十来颗，这是胎宝宝发育期，口腔黏膜上皮细胞开始增质变厚形成的，俗称"板牙"或"马牙"。板牙不妨碍新生儿吸吮，日后不会影响出牙，切勿挑、刺，以免发生感染。板牙会自然消失，无须处理。

9. 头上肿起一个包

宝宝的头部在通过窄的产道的过程中受到挤压，头盖骨和围住头盖骨的骨膜之间有出血，因此出现包。大部分会在出生后2周到2~3个月之间消失，出生后1个月包周围或整个包变硬，不会导致头部形状变形，也不会有不良反应。若血肿表面的皮肤上有伤口，可抹抗生素软膏后轻轻盖上消毒的纱布，以防引起炎症。

10. 身体蜷着像小猫

新生儿像小猫一样蜷着身体，胳膊、腿都是弯的。这是因为宝宝在妈妈的子宫内经常是处于双手紧抱于胸前，腿蜷缩、手掌紧握的姿势，出生后头、身体四肢逐渐伸展开，但是身体仍有轻度弯曲的情况。随着宝宝的逐渐长大，宝宝的这些问题自然会得到纠正。爸爸妈妈不要因为宝宝双腿弯曲，就刻意捆着下肢，这样会限制宝宝的自主活动，不利于生长。

11. 睡着后有时惊跳

宝宝常会入睡后出现局部肌肉的抽搐现象，或受到强光、声音或震动等，会出现双手张开，然后再收回，有时还有啼哭的"惊跳"反应。这主要是因为新生儿神经系统发育不完全导致的，妈妈用手轻轻按住宝宝身体的任何一个部位，宝宝就会安静下来。如果宝宝出现频繁而有规律的抖动或两眼凝视、震颤或不断眨眼，呼吸不规则、皮肤青紫、全身抽动等症状时，应及时就医。

12. 乳房鼓鼓的

宝宝乳房可能鼓鼓的，并有少量分泌物排出。这是孕妈妈怀孕后体内的孕激素和催乳素等增加，到分娩前达到最高峰，这些激素促进孕妈妈的乳腺发育和乳汁分泌，而胎宝宝在母体内通过胎盘也能受到这些激素的影响，宝宝出生后出现乳房鼓鼓的情况。这是正常现象，无须治疗。胎宝宝离开母体后，母体激素的刺激消失，胸部也会变得平坦。

13. 呼吸急促

新生儿的呼吸运动没有规律，频率较快。在出生后 2 周内，为 40~50 次/分，有时候也可能达到 80 次/分，但是一会儿之后就转为平稳呼吸，这些都是正常现象。

这是因为新生儿肋间肌较柔软，鼻咽部气管狭小，肺泡顺应性差，所以有时呼吸的频率较快，属于正常现象。如果早产儿或肺部发育较差的宝宝因为缺氧而脸色发青时，则应及时就医。

14. 用哭声传达信息

哭是人的本能反应，宝宝哭的原因有很多：肚子饿了，尿片湿了，想睡觉了，生病了……妈妈要先检查一下，如果排除这些原因，宝宝还是哭，说明宝宝可能缺乏安全感想要妈妈抱等。

宝宝出生后不会说话，但是宝宝会用哭声表达自己的需求，所以需要妈妈读懂宝宝的婴语

宝宝出生后的 48 小时

1. 洗澡

宝宝出生后，如果条件许可，从第二天就可以每日洗一次澡，新生儿洗澡不但可以保持皮肤干净，还能促进血液循环，促进生长发育。住院期间，护士会定期给宝宝洗澡。

2. 脐带护理

一般是在给宝宝洗完澡后，用75%乙醇棉棍给肚脐消毒，保持清洁就能治愈。脐带流脓性分泌物时用75%乙醇消毒后，可涂擦消炎软膏，若周围皮肤发红，应及时就医。

3. 除了吃就是睡

宝宝出生后一天要睡将近20个小时，但是由于睡眠循环较短，夜间醒来次数仍很多。由于宝宝在妈妈的子宫内没有昼夜之分，出生后又不能马上适应外界的环境，经常出现昼夜颠倒的情形。

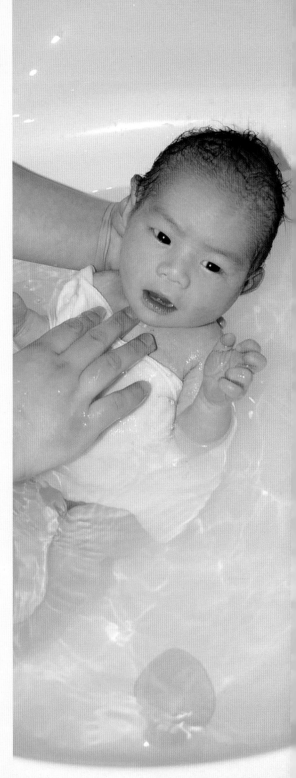

定期给宝宝洗澡，不仅可以促进宝宝血液循环，还能增强宝宝身体的免疫力

第 5~8 周 (2个月宝宝)
形成规律的生活习惯

我能够熟练地吸吮母乳，我的体重增加了，我的个头也长高了。每天的吃奶和睡觉也逐渐形成了一定的规律。

妈妈育儿备忘录

1. 可以给宝宝喂白开水。

2. 坚持母乳喂养，并预防肥胖症。

3. 在宝宝醒后或喂奶1小时后，帮宝宝练习俯卧抬头，每天至少2次。

4. 多给宝宝看鲜艳的图形和运动的物体，培养宝宝的观察能力。

5. 训练宝宝的手部精细动作和大动作能力。

6. 多逗引宝宝笑，培养宝宝愉快的情绪和交往能力。

7. 多跟宝宝说话、交流，让宝宝对发音产生兴趣，提高语言能力。

8. 创造各种声音，提高宝宝寻找声源的能力。

9. 让宝宝看自己的小手。

10. 训练宝宝规律的生活习惯。

11. 多带宝宝进行户外活动，坚持日光浴、空气浴、水浴，做宝宝体操。

12. 观察宝宝的哭声。

13. 观察宝宝排便是否正常。

14. 定期给宝宝清洗眼屎，避免发生眼部疾病。

宝宝成长小档案

	男宝宝	女宝宝
体重	3.4~5.8 千克	3.2~5.5 千克
身高	50.8~58.6 厘米	49.8~57.6 厘米
生理发展	坐姿抱着宝宝时，多数时间宝宝的头都能保持直立 俯卧时，头可以抬到 45 度	
心智发展	会将物品和相应的称呼联系在一起	
感官与反射	两只小手能互相握起来了	
社会发展	清醒的时间长了，会直接看人 看到妈妈，会特别兴奋	
预防接种	脊髓灰质炎糖丸：出生后 2 个月第 1 次服用	

宝宝发生的变化

体重快速增长

宝宝从 1 个月到 2 个月体重增长较快，平均可增加 1200 克。人工喂养的宝宝可增加 1500 克，甚至更多。但体重增加的程度存在着显著的个体差异。如果你的宝宝体重增长有些慢，不要干着急，只要排除了可能的疾病因素，到了下个月也许就会快速增长。

听到声音会做出反应

宝宝的听力已经比较敏锐，能对声音做出反应。如果突然听到声音，宝宝就会伸直双腿。如果播放舒缓的音乐，宝宝会变得安静，会静静地听，还会把头转向放音乐的方向。

视觉相当敏锐了

2 个月宝宝的视觉已经相当敏锐，本来模糊的视力逐渐能看清东西的轮廓，而且双眼能随着活动的东西移动。

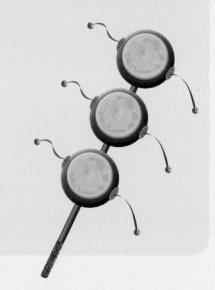

宝宝的营养中心

母乳喂养很重要

宝宝满月后就进入了快速生长的阶段，对各种营养的需求也随之增加。母乳仍然是宝宝的最佳食品。

一般来说，母乳是能满足宝宝的营养需求的。但妈妈也可能会由于心理、生理等因素而出现母乳不足的情况，这时不应轻易断掉母乳，改喂配方奶。妈妈只要保持心情愉快，有坚持母乳喂养的决心，多吃些能促进乳汁分泌的食物，就能使乳汁更充足。

宝宝TIPS

> 这个月宝宝所需要的奶量在不断增加，其吸吮力也在增强。妈妈的乳头大小对宝宝来说已经合适，妈妈的喂奶姿势也比较自然了。从这个时候开始喂养进入了良性阶段。

防止人为造成混合喂养

随着宝宝长大，他的吸吮能力增强，吸吮速度加快，吸吮一下所吸入的奶量也在增加，因此，吃奶的时间缩短了，但妈妈不能因此认为奶少了，不够宝宝吃了。如果妈妈为宝宝添加了配方奶，那么橡皮奶嘴吸吮省力、配方奶比母乳甜等因素都可能会使宝宝喜欢上配方奶，而不再喜欢母乳。母乳是越吸吮刺激奶量越多，如果每次都有吸不净的奶，就会使乳汁的分泌量逐渐减少，最终造成母乳不足，人为造成了混合喂养。

妈妈增奶的方法

妈妈如果乳汁不足，可以用下面的方法来增奶：

1. 心理调整。妈妈要相信自己有能力喂哺宝宝，有这种信心才能坚持母乳喂养。妈妈要多放松自己，保证充足的休息，以促进乳汁的分泌。

2. 多多喂哺。将宝宝放在妈妈身边，一旦需要就给宝宝喂奶，夜间间隔可以稍微长点。另外，还要适当延长每侧乳房的喂奶时间。

3. 多和宝宝接触。妈妈应该多与宝宝接触，宝宝的皮肤、动作、表情和气味等都能促进催乳素的分泌。

4. 食物催乳。妈妈要保持膳食结构合理，保证营养。民间有许多催乳的食疗方，如鲜鲫鱼汤、猪蹄炖花生米等，妈妈可以多食。

5. 药物催乳。可以在医生的指导下服用一些能促进泌乳的中成药和西药。

奶不够吃就要冲配方奶

如果新妈妈的奶不够宝宝吃，就要进行混合喂养了，冲点配方奶给宝宝喝。

冲配方奶粉的方法：

1. 洗净双手，洗净奶瓶。

2. 将约50℃的温水倒入奶瓶，不要先放奶粉再放水。

3. 按照配方奶要求的比例冲奶粉，不宜过浓或过淡，搅匀即可。

宝宝拒绝吃奶该如何应对

宝宝拒绝吃奶，常常是由身体不适引起的。常见的原因及应对措施如下：

宝宝用嘴呼吸，吸奶时，呼吸即止。这可能是由于宝宝鼻塞引起的，应为宝宝清除鼻内的异物，并认真观察宝宝的情况。如有异常，应尽快送往医院治疗。

宝宝吸奶时，突然啼哭，害怕吸奶。这可能是宝宝的口腔受到感染，吸奶时因触碰而引起疼痛。爸爸妈妈如发现这种情况，最好带宝宝去医院看看。

宝宝精神不振，出现不同程度的厌吮现象。可能是因为宝宝患有某种疾病，特别是消化道疾病等，应尽快到医院检查治疗。

宝宝TIPS

宝宝如用母乳喂养，就不要在喂奶间隙加喂糖水或配方奶。否则，宝宝如果习惯了用不费力的奶瓶，就不愿吃需要吸吮的母乳了。另外，宝宝得到满足后，会减少吃母乳的次数，使得母乳的分泌量减少，导致乳汁不足。

给宝宝选择好奶粉

市场上有很多种婴幼儿配方奶粉，其基本原料都是牛奶，只是所添加的维生素、矿物质等营养成分的含量不同，各有偏重。为宝宝选择时，要选择按照国家统一的奶制品标准加工制作的、正规渠道经销的、适合宝宝月龄的奶粉，要看是否有生产日期、有效期、保存方法、厂家地址、电话、奶粉成分及含量、所释放的热量、调配方法等。最好选择知名品牌、销量大的奶粉。

妈妈要为宝宝选择适合宝宝年龄的正规奶粉，这样才能保证宝宝健康

一般来说，如果选定了一种品牌的奶粉，没有特殊的情况，就不要轻易更换，如果频繁更换，容易导致宝宝消化功能紊乱和喂哺困难。

宝宝为什么总是吐奶

呕吐、溢奶是这个月宝宝常见的情况。这个主要是因为宝宝的胃容量较小，食管松弛，胃呈水平位，幽门括约肌比贲门括约肌发育好，所以胃的消化蠕动会引起奶汁反流。这是生理性吐奶。

生理性吐奶的原因及处理方法如下表所示。

可能原因	处理方法
宝宝吃母乳时，嘴唇和乳房之间有空隙，造成宝宝吸入大量空气	宝宝吃完奶后马上竖直抱起，轻拍其后背促其打嗝，排出吸入胃内的空气
人工喂奶时，奶嘴口过大，导致奶汁流出过多，宝宝来不及吞咽	及时给宝宝更换合适的奶嘴，喂奶后马上竖直抱起宝宝为其拍嗝
喂奶量过大或者两次吃奶时间短	少食多餐
刚喂完奶后大哭、咳嗽、剧烈运动	刚喂奶后，尽量让宝宝保持安静
喂完奶后马上平躺	喂完奶宝宝躺下后，妈妈可以将宝宝头部稍微抬高一点

营养
百分食谱

使乳汁分泌
通畅

丝瓜炖排骨

材料 猪排骨 500 克，丝瓜 200 克，枸杞子 10 克。

调料 姜片、葱段各 5 克，盐 4 克。

做法

1. 排骨切段，洗净，入沸水锅中略焯，捞出沥干；丝瓜洗净，去皮，切菱形块。

2. 将排骨放锅中，加清水大火煮沸，加葱段、姜片，转小火煮 1 小时，再放丝瓜块、枸杞子炖熟后，放盐调味，搅匀即可。

宝宝护理全解说

宝宝夜啼怎么办

宝宝夜啼表现为白天安静如常，入夜就啼哭。一夜哭两三次的宝宝是很多的。小儿夜啼有生理性和病理性两种。

夜啼分类	表现	应对策略
生理性夜啼	哭声响亮，宝宝精神状态和面色正常，食欲良好，无发烧等	1. 让宝宝养成良好的作息规律，白天不要让宝宝睡眠过多，晚上则要避免宝宝临睡前过度兴奋 2. 宝宝的卧室要保持安静，并且温度适宜
病理性夜啼	宝宝因患有某些疾病造成身体不适所引起的，表现为突然啼哭，哭声剧烈、尖锐或嘶哑，呈惊恐状，四肢屈曲，两手握拳，哭闹不休。还有的宝宝会有烦躁、精神萎靡、面色苍白、吸吮无力甚至不吃奶的症状	

让宝宝睡个甜甜的好觉

宝宝安睡的方法

1. 室温以 18~25℃为宜，并保持室内空气新鲜。

2. 睡觉时不要穿得太厚，衣服以宽松柔软为佳。

3. 不要让宝宝在白天玩得太疲劳，睡前也不要让宝宝情绪过于兴奋。

4. 宝宝的被子要随季节更换。

宝宝睡觉最好不要开灯

不少家庭为了防止宝宝入睡后发生意外，喜欢让房间一直开着灯，以方便观察。但是开灯睡觉对培养宝宝的作息规律并无好处，还会影响宝宝的视力。宝宝适应环境变化的能力还很差，如果卧室灯光太强，就会改变宝宝适应昼明夜暗的规律，使他分不清黑夜和白天，不能很好地睡眠。

带宝宝进行室外空气浴

空气浴的好处

让宝宝呼吸到新鲜氧气，促进宝宝体内的新陈代谢。

在室外，宝宝晒晒太阳，接触到紫外线，可以促进宝宝体内维生素 D 的产生，帮助宝宝吸收钙质，促进骨骼发育。

一般来说，室外的空气温度比室内的空气温度低，宝宝在户外多活动，可使皮肤和呼吸道黏膜受到冷空气的刺激与锻炼，从而增强对外界环境的适应能力和对疾病的抵抗力，提高免疫力。

室外空气浴的注意事项

刚开始时，每天外出几分钟，慢慢可加长至 1~2 小时。

夏季，宜选择早晚阳光不是很强烈的时候，进行室外空气浴，并注意不要让宝宝的皮肤直接在日光下暴晒。

冬天，最好在中午气温较高的时候外出，天气较暖时，还可以让宝宝的头部、手部等皮肤露出，接触阳光。

及时关注宝宝的尿便

这个月，宝宝尿的次数减少了。新生儿可能每十几分钟就尿一次，现在，宝宝会在每次醒后排尿，每一次尿量增加，虽然排尿次数减少，但尿的总量没有减少，甚至还有所增加。

纯母乳喂养的宝宝，大便次数仍然和第 1 个月差不多，一般 6 次以下就不算异常。极个别的宝宝会一天排便 10 余次，甚至每块尿布上都有一点大便，比尿还勤，这也不一定是异常的。如果大便的性质比较好，宝宝的生长发育正常，就不需要吃药；如果大便带水，或大便次数突然增加，就要向医生咨询是否有乳糖不耐受或其他问题。

> **宝宝TIPS**
>
> 在母乳充足的情况下，宝宝每天的小便在 6 次以上，甚至多达 20~30 次。纯母乳喂养的宝宝，大便是金黄色、稀糊糊的软便，每天 5~6 次。配方奶喂养的宝宝，大便呈浅黄色，每天 1~2 次。

> **宝宝TIPS**
>
> 一般来说，宝宝满月后就可以带到户外进行空气浴了。

天气好的时候带宝宝到户外晒太阳，是补钙的不错选择

婴语小词典

吃手

宝宝自述：刚出生，我能挥动整个手臂，现在，我已经能将整个拳头准确地放进嘴里了。可妈妈说影响出牙，一看到我吃手就拿开我的小手。实际上，只要当我把手放进嘴里，我的心情就会平静下来。

婴语解析：不少家长认为吃手是一种坏习惯，其实，吃手是宝宝生长发育过程中的一种正常现象。刚满月的宝宝是把整个拳头放进自己的嘴里吸吮，再大一些就开始吸吮自己的手指。这些从侧面反映了宝宝的手指功能开始分化，具备了初步的手眼协调能力。吃手还能让宝宝感到安慰，释放紧张和沮丧的情绪。

育儿专家怎么说：吃手这种简单的动作需要4种反射行为协调配合：手臂弯曲→放松运动肌群伸出指头→搜寻并将手伸至小嘴里→开始吸吮。当出现这种现象时，一种可能是宝贝饿了，以吃手作为抑制饥饿的方法；另一种可能是通过吃手寻求一种心理安慰。

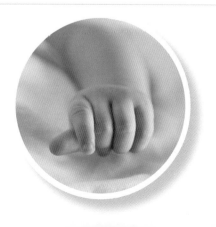

不同季节的护理

春季：适时带宝宝外出

北方人常说：春寒料峭。这个月份的宝宝对自然界的适应能力比较弱，所以带宝宝外出时间以20分钟左右为宜。

南方初春比较热，风比较小，甚至户外比室内更温暖，所以可以经常带着宝宝外出，但是南方多阴雨天气，即使户外活动时间比较长，宝宝接受的紫外线也比较少，需要补充维生素D。

夏季：注意宝宝卫生

本月的宝宝，皮下脂肪开始增多，胖胖的，变得越来越可爱。但是，身体的褶皱处在夏季容易发生糜烂。所以夏季的时候，要设法暴露宝宝的褶皱处，并经常清洗。

秋季：预防秋季疾病的发生

1. 初秋的气温还不是很稳定，可能会有一段时间的燥热，如果过早给宝宝添加衣物，会加重宝宝适应冬季的难度。

2. 秋末要注意预防呼吸道感染，如果宝宝感冒咳嗽，可能转为慢性咳嗽，所以应做好预防。

冬季：加强宝宝的抵抗力

在冬季，大多数家庭是门窗紧闭，室内温度比较高，这将降低宝宝呼吸道黏膜的抵抗能力。应加强宝宝的锻炼，提高宝宝的抵抗力。

益智游戏小课堂

踢彩球 | 大动作能力

目的: 活动宝宝的双腿,锻炼宝宝的下肢肌肉。下肢运动能扩大到四肢和全身,以促进宝宝大动作能力的发展。

准备: 彩球。

妈妈教你玩:

1. 准备几个彩色塑料球或彩色气球,用细线吊在宝宝小脚上方5~10厘米处,保证宝宝能看得到,也能伸腿碰得到。

2. 让宝宝仰卧,妈妈用手触碰彩球,让它们动起来,并配合声音和动作吸引宝宝的注意力。

3. 宝宝看到球跳动或听到声音很兴奋,就会边努力蹬腿,边屈伸膝盖,从而双腿上举或随球而动,欢欣鼓舞。

爱心提醒

宝宝如只是看着,没有伸腿去踢的动作,妈妈可拉着宝宝的小脚触碰彩球,碰到时惊喜地对着宝宝欢笑或用肯定的声音鼓励宝宝,如"呀,踢到了,再踢一个"或"好"等,慢慢地,宝宝就会自己试着伸腿去踢。

有意识地与宝宝说话 ｜ 语言能力

目的：提高宝宝的说话热情，刺激宝宝的语言发展。

准备：无。

妈妈教你玩：

1. 妈妈经常有意识地与宝宝对话，比如宝宝醒了，妈妈就说："宝宝醒了，你看看是谁抱你了？""宝宝，我是妈妈。""宝宝，知道我是谁吗？"
2. 妈妈与宝宝交流时，应用眼睛注视着宝宝，面带微笑，语音要轻柔。

爱心提醒

　　妈妈和宝宝说话的时候，要注意声音不要太大哦！

专题

解读宝宝的哭

婴语必修课——宝宝的哭（一）

类型	含义	表现	对策
健康性啼哭	妈妈，我很健康	健康的哭声抑扬顿挫，不刺耳，声音响亮，节奏感强，没有眼泪流出。每日累计啼哭时间可达 2 个小时，一般每天 4~5 次，均无伴随症状。不影响饮食、睡眠及玩耍，每次哭的时间较短	如果你轻轻地抚摸他，或朝他微笑，或者把他的两只小手放在腹部轻轻摇两下，宝宝就会停止啼哭
饥饿性啼哭	妈妈，我饿了，要吃奶	这样的哭声带有乞求，由小变大，很有节奏，不急不缓。当妈妈用手指触碰宝宝面颊时，宝宝会立即转过头来，并有吸吮动作，若把手拿开，不喂哺，宝宝会哭得更厉害	一旦喂奶，哭声就戛然而止。宝宝吃饱后不再哭，还会露出笑容
过饱性啼哭	哎呀，肚子好撑	多发生在喂哺后，哭声尖锐，两腿屈曲乱蹬，向外溢奶或吐奶。若把宝宝腹部贴着妈妈胸部抱起来，哭声会加剧，甚至呕吐	过饱性啼哭不必哄，哭可加快消化，但要注意溢奶
口渴性啼哭	妈妈，我口渴了，给我点水喝吧	表情不耐烦，嘴唇干燥，时常伸出舌头舔嘴唇	给宝宝喂水，啼哭即会停止
意向性啼哭	妈妈，抱抱我吧	啼哭时，宝宝头部左右不停地扭动，左顾右盼，带有颤音。妈妈来到宝宝跟前，哭声就会停止，宝宝盯着妈妈，很着急的样子，有哼哼的声音，小嘴唇翘起	抱抱他，但是也不必一哭就抱起来，否则久而久之会养成依赖的习惯

婴语必修课——宝宝的哭（二）

类型	含义	表现	对策
尿湿性啼哭	尿湿了，不舒服	强度较轻，无泪，大多在睡醒或吃奶后啼哭。哭的同时，两脚乱蹬	给宝宝换上干净的尿布，宝宝就不哭了
寒冷性啼哭	衣被太薄，我好冷啊	哭声低沉，有节奏，哭时肢体稍动，小手发凉，嘴唇发紫	为宝宝加衣被，或把宝宝放到暖和的地方
燥热性啼哭	盖太多了，好热	大声啼哭，不安，四肢舞动，颈部多汗	为宝宝减少衣被，移至凉爽的地方
困倦性啼哭	好困，但又睡不着	啼哭呈阵发性，一声声不耐烦地号叫，这就是我们常称的"闹觉"	宝宝闹觉，常因室内人太多，声音嘈杂，空气污浊，过热。让宝宝在安静的房间躺下来，他很快就会停止啼哭，安然入睡
疼痛性啼哭	扎到我了，好痛啊	哭声比较尖利	妈妈及时检查宝宝的被褥、衣服中有无异物，皮肤有无蚊虫咬伤
害怕性啼哭	好孤独啊，我有点害怕了	哭声突然发作，刺耳，伴有间断性号叫	害怕性啼哭多由于恐惧黑暗、独处、小动物、打针吃药或突如其来的声音等。细心体贴地照顾宝宝，消除宝宝的恐惧心理
便前啼哭	我要拉便便了	宝宝感觉腹部不适，哭声低，两腿乱蹬	及时为宝宝把便便
伤感性啼哭	我感到不舒服	哭声持续不断，有眼泪，比如没有及时给宝宝洗澡、换衣服，被褥不平整或尿布不柔软时，宝宝就会伤感地啼哭	常给宝宝洗澡，勤换衣被，保证宝宝处于舒适的环境中
吸吮性啼哭	吃着不舒服，好着急啊	多发生在喂水或喂奶 3~5 分钟后，哭声突然，阵发	往往是因为奶、水过凉或过热，奶嘴孔太小而吸不出奶、水，或奶嘴孔太大致使奶、水太冲而呛着等。检查原因，解决宝宝吃奶的障碍

第 9~12 周（3 个月宝宝）

学会翻身了

　　在这个月，我已经变得胖嘟嘟的，非常可爱，喜欢看明亮、运动的东西。当然，我最喜欢妈妈抱着，如果妈妈和我说话，我可以用"哦""啊"等回应妈妈；我还能自己翻身呢。

妈妈育儿备忘录

1. 保证宝宝足够的饮水，可以给宝宝喂水煮的蔬菜水和果汁，但不宜多喝。

2. 多带宝宝到色彩和图形丰富的地方，刺激宝宝的视觉，以发展思维能力。

3. 让宝宝学会主动与人打招呼，以养成开朗的性格。

4. 多给宝宝听各种声音，以提高其听觉能力。

5. 让宝宝形成基本的生活规律，防止宝宝睡觉"倒觉"，不要养成抱睡的习惯。

6. 注意宝宝皮肤护理，做适当的眼部按摩。

7. 宝宝的围嘴要经常换洗以保持清洁和干燥。

8. 让宝宝多看、多听、多接触，以丰富宝宝的感觉学习内容。

9. 增加宝宝手部精细运动和大小肌肉运动能力训练。

10. 为宝宝准备个小运动场，教宝宝学会翻身。

11. 多陪宝宝玩、说话，多拥抱宝宝，建立宝宝的安全感。

12. 协助宝宝够取、拍打、触摸眼前的玩具。

13. 要保证婴儿床上的悬吊玩具安全和牢固。

14. 定期带宝宝做体检。

15. 警惕宝宝入睡后"打鼾"，并注意预防佝偻病。

宝宝成长小档案

	男宝宝	女宝宝
体重	4.3~7.1 千克	3.9~6.6 千克
身高	54.4~62.1 厘米	53.0~61.2 厘米
生理发展	宝宝能够用胳膊撑着，把头和肩膀抬起来 扶住宝宝腋下能站立片刻	
心智发展	开始对大人吃的食物表现出兴趣	
感官与反射	会把玩具从一只手换到另一只手上	
社会发展	情绪表达的方式更多 会咯咯地笑了	
预防接种	脊髓灰质炎糖丸：出生后第 3 个月第 2 次接种 百白破疫苗：出生后第 3 个月第 1 次接种	

宝宝发生的变化

能够独立挺起脖子

宝宝这个时期最重要的发育就是能够挺起自己的脖子了。把宝宝竖着抱起时，如果其头部不朝两侧歪斜或后仰，就说明宝宝已经能够完全支撑起脖子了。

看的能力有了质的飞跃

宝宝开始按照物体的不同距离来调节视焦距。爸爸妈妈可以利用这一时期，好好锻炼宝宝的视觉能力。

能够区分不同的语音

这个时期，宝宝对声音很敏感，已经能够区分语言和非语言，还能区分不同的语音。如果妈妈爸爸用严厉的语气和宝宝说话，宝宝就会哭；用和蔼亲切的语气和宝宝说话，宝宝就会笑，四肢还会愉快地舞动，露出欢乐的神情。能够发出简单的语音，有时宝宝会发出尖叫声和"啊""哦""噢"等声音。

宝宝的营养中心

绝大多数的宝宝知道饱饿

这个月的宝宝，每天需要 418~502 千焦的热量，如果宝宝摄入的热量低于 418 千焦，宝宝的体重就会增加缓慢或者滞后；如果宝宝每天摄入的热量高于 502 千焦，宝宝的体重会增长过快，成为肥胖儿。

实际上，不管是人工喂养还是母乳喂养，只要根据宝宝自己的需要供给奶量就行，因为绝大多数宝宝都知道饱饿。

不要攒母乳

如果母乳不足，可以每次喂奶都让宝宝先吃母乳，然后再用配方奶补齐。因为母乳不能攒，如果奶受憋了，乳汁分泌就会减少，母乳吃得越空，分泌得就会越多。因此，不要攒母乳，有了就喂，慢慢地或许宝宝就够吃了。

母乳是宝宝最好"粮食"

母乳喂养的喂奶时间间隔应适当延长

由于宝宝的胃容量增加，每次喂奶的量增多，喂奶的时间间隔也应相对延长，可以由原来的 3 小时左右延长到 3.5~4 小时，但全天总的喂奶量不能超过 1000 毫升。

夜晚喂哺的次数要减少

每天哺乳的量逐渐增加，哺乳时间也逐渐有了一定的规律。虽然不能中断晚间的哺乳，但可以慢慢减少哺乳的次数。在宝宝临睡前充分喂饱后，可以将晚间哺乳的间隔调整为 6 个小时左右，从而使宝宝睡得更好，这样不仅利于其生长发育，且还能够使妈妈有充足的睡眠。这个时期，宝宝 6 个小时左右不吃东西也没问题，因此，不用担心宝宝会饿着。

> **宝宝 TIPS**
>
> 从这个月开始，妈妈要给宝宝多喂水了。因为 3 个月的宝宝肾脏浓缩尿的能力较差，身体的盐分会随尿液排出，因此需水量就会增加。一般来说，宝宝每日每千克体重需要 100~150 毫升水。
>
> 可以在两次授乳之间给宝宝补水。若宝宝一周的增重速度小于 100 克或尿量逐渐减少，可能是宝宝的水分补充不够。

怎样知道宝宝是否需要添加配方奶

母乳是否充足，最好根据宝宝的体重增长情况分析。如果宝宝一周体重增长低于 100 克，很有可能是母乳不足，可以尝试添加配方奶粉了。一般来说，可在下午四五点钟吃一次配方奶粉，加的量需要根据宝宝的需要来确定。

先给宝宝喂 150 毫升配方奶，如果一次喝完还意犹未尽，下次就准备 180 毫升，若吃不了再稍微减少一点，但不要超过 180 毫升，如果一次喝得过多，就会影响下次母乳喂养，容易导致宝宝消化不良。如果宝宝半夜不再哭闹，体重每天增加 10 克以上，或每周增加 100 克以上，就可以一直加下去。如果宝宝仍饿得哭，夜里醒的次数增加，就可以一天加两次或三次，但不要过量。

妈妈可以给宝宝选择不同大小的奶瓶来区分喂奶的量，既方便又省事

人工喂养如何掌握奶液温度

将调好的奶液装入瓶中，把奶液滴几滴在自己的手腕内侧，如感到不烫，这个温度就刚好适合宝宝的口腔温度。有的父母靠口吮几口奶液来感觉奶液的温度，这样做很不卫生，因为大人口腔中的细菌很容易留在奶嘴上。此外，宝宝的抵抗力比较弱，这样做容易引起疾病。而且，大人口腔的感觉与宝宝的感觉相差很大，有的时候，大人觉得奶汁不烫，而对宝宝来说是烫的。

加热奶瓶中奶的方法

可将奶瓶放到一盆热水（不是沸水）中加温，或直接放在热水龙头下冲。另外也可以用专门的加热器。如果宝宝习惯于喝常温的或稍微凉一些的奶，那就不用特意为宝宝加热。要注意一定不要用微波炉加热配方奶，因为用微波炉热奶受热不均匀，容易烫到宝宝，而且会破坏配方奶中的一些营养成分。

喂养不当容易造成肥胖儿和瘦小儿

个别的孩子食欲旺盛，摄入过量的热量造成肥胖儿；也有个别孩子食欲缺乏，摄入热量不足成为瘦小儿。这既与家族遗传有关，也与父母喂养不当有关系。妈妈总是怕孩子吃不饱，孩子已经把乳头吐出来，妈妈还把乳头塞入孩子嘴里，孩子被迫又吃几口，时间长了就会出现：

1. 孩子胃口被撑大，奶量摄入过多，成为肥胖儿。

2. 由于摄入奶量过多，导致孩子消化系统负担加重，停止工作，最后孩子食欲下降，成为瘦小儿。

营养
百分食谱

防止新妈妈
习惯性便秘

红薯粥

材料 大米 50 克，红薯 75 克。

做法

1. 大米淘洗干净；红薯洗净，去皮，切滚刀块。

2. 锅置火上，倒入适量的清水煮沸，将大米倒入其中，大火煮沸，放入红薯块，转小火熬煮 20 分钟即可。

宝宝护理全解说

远离宝宝尿布疹

尿布疹顾名思义，就是发生在兜尿布的臀部，表现为皮肤发红，出现红斑、丘疹，严重还会发生溃烂。这是因为尿液中的尿酸盐，粪便中含有多种刺激性物质，加上宝宝皮肤娇嫩，就发生了臀红。

要想让宝宝的小屁屁干爽舒服，需要做到下面 3 点：

及时更换尿布

不管是尿布还是纸尿裤，及时更换都是对付尿布疹的法宝。很多妈妈认为尿布湿了就要换，而纸尿裤吸水性好，还有隔水层保护皮肤，但是再好的吸水材料也有吸收的限度，况且纸尿裤紧贴在宝宝娇嫩的皮肤上，既不舒服也不卫生。所以，保护宝宝的小屁屁关键就是及时更换尿布或纸尿裤。

便后及时清洗

最好每次换尿布或纸尿裤后都清洗宝宝屁屁，然后擦干屁屁，也可涂一层护臀霜，然后再换上干净的尿布或纸尿裤。

皮肤破损及时就医

如果发现宝宝屁屁的皮肤有破损或者皮肤发红，自行处理 3 天后仍不见好转，需要就医。

宝宝湿疹的应对策略

症状表现

湿疹俗称"奶癣"，多发生于刚出生到 2 岁的宝宝。湿疹大多发生在头面部、颈背部和四肢，会出现米粒样大小的红色丘疹或斑疹。有些为干燥型，即在小丘疹上有少量灰白色糠皮带脱屑。有些为脂溢型，即在小斑丘疹上渗出淡黄色脂性液体，以后结成痂皮，以头顶及眉间、鼻旁、耳后多见，但痒感不太明显。

预防措施

1. 保持房间的清洁，房间角落、柜子底下等应该注意经常打扫。
2. 使用婴儿专用的沐浴液。
3. 为宝宝选用宽松透气的纯棉内衣。
4. 被褥要保持干爽，经常晾晒。
5. 避免带宝宝去尘土飞扬的场所，以免宝宝接触扬尘、花粉等过敏源。

家庭巧护理

1. 给患儿穿纯棉衣物，不要使用碱性洗护用品。

2. 湿疹怕热怕湿，所以在保证卫生的前提下要让宝宝过多接触水，室温不要过高，穿衣盖被不宜太厚。

3. 患儿在患病期间抵抗力较弱，应避免去人多的公共场合。

养成规律的生活习惯

宝宝每天的吃、睡、活动等日常生活，可以在这一时期养成规律、形成习惯。白天过分文静的宝宝，一般不可能产生夜晚睡眠的规律，也不太可能分辨白天和黑夜。所以白天可以通过晒太阳、散步等，使宝宝意识到白天生活的规律；晚上可以营造安静、昏暗的室内环境，使宝宝意识到晚上睡眠的规律。

宝宝喜欢抱着睡，怎么办

有的宝宝需要抱着才能睡好，只要放到床上，睡得就不安稳，半个小时就会醒来，如果抱着睡，能睡好几个小时。这是很多新手父母会遇到的问题，从某种程度上说，这是父母的问题而不是宝宝的问题。良好的睡眠习惯是需要父母帮助宝宝建立起来的。

宝宝都喜欢妈妈温暖的怀抱，如果宝宝哭得很厉害，需要父母的关心，或者遇到了问题，需要父母的帮助，父母能够积极回应，就会让宝宝得到安慰，

宝宝 TIPS

要始终保持有序的生活规律，不要通过强制手段来改变宝宝的生活节律，否则会给自己和宝宝带来精神压力。当然，也不是要放任自流，等着宝宝自己突然养成好习惯。可有一些灵活性，尽量使宝宝的生活变得规律。

增加对人的信任。但也不能一味迁就宝宝，要允许宝宝有自己的空间，不要动不动就去干扰宝宝，不让宝宝哭一声。如果宝宝在睡眠中伸个懒腰、打个哈欠、皱个眉头……妈妈就立即去抱或者拍，就会干扰宝宝。此时妈妈可以反应慢半拍，让宝宝自己去适应现在的环境。如果父母整日抱着宝宝睡觉，宝宝自然不会拒绝妈妈抱着他睡，慢慢地就会养成习惯。另外，大人在抱宝宝时只能是两只手臂作为支撑点，所以，抱着宝宝睡觉对宝宝骨骼生长发育也不好。

宝宝睡眠问题冷处理

每天晚上最好让宝宝自然睡眠，以免给以后的睡眠带来问题。即使出现了一些睡眠问题，比如，有一天宝宝睡得少了，有一天晚上宝宝不好好睡了，有一天睡醒后哭闹了等，这些都是正常的，爸爸妈妈不要过多干预，更不要焦虑、上火，否则会使宝宝产生不良反应，还可能会对父母产生依赖。对于宝宝偶尔出现的睡眠问题，爸爸妈妈可以进行冷处理，让宝宝有自己调节的空间。

婴语小词典

流口水

宝宝自述：我3个月了，我的口水哗哗地流，但还不知道怎么吞咽！妈妈快点教我吞咽吧。

婴语解析：宝宝出生时唾液腺发育差，分泌消化酶的功能尚未完善，到了3~4个月，唾液腺分泌增多，但还不会吞咽，就会发生生理性流口水。

随着月龄增加，到出牙和添加辅食时口水会明显增多，这是正常的。6个月后随着咀嚼、吞咽动作的协调发育，流口水的现象会逐渐消失。

育儿专家怎么说：家长可以当着宝宝的面做夸张的吞咽动作，教宝宝怎样咽口水。随时注意为宝宝擦去口水，擦时可不用力，轻轻拭干，以免损伤宝宝的肌肤。给宝宝擦口水的手帕要质地柔软，以棉布为主，且要经常洗涤。最好给宝宝围上围嘴，以防口水弄脏衣服。

不同季节的护理

春季：以是否停暖为参照值

本月的宝宝，如果在早春，气温不稳定，要根据气温的变化决定是否抱宝宝外出晒太阳。如果没有风，天气晴朗，就可以把宝宝抱到外面了。但是在北方如果还没有停止供暖，就不要把宝宝抱到户外了。

夏季：避免"空调病"

1. 减少室内外温差。一般情况下，在气温较高时，可将温差调到6~7℃，气温不太高时，可将温差调至3~5℃。

2. 定时通风。开空调一定时间后，要开窗换气。

3. 避免宝宝被空调冷风直吹。

4. 开空调时，宝宝要及时增减衣物。

秋季：开始耐寒锻炼

如果天气刚变凉，就给宝宝穿厚衣服，会导致宝宝呼吸道耐寒性差；冬天来了，即使足不出户，也容易患呼吸道疾病。所以，父母可以利用这个季节有意识地锻炼宝宝的耐寒能力，增强呼吸道抵抗力，可以让宝宝顺利渡过肺炎高发的冬季。

冬季：适度保暖

如果刚入冬，就不让宝宝到户外玩，并且给宝宝穿很多的话，会导致宝宝对外界环境的适应能力和对疾病的抵抗力下降。要注意室内外温度不要差得太多。

益智游戏小课堂

翻身训练 | 大动作能力

目的： 让宝宝学会翻身。

准备： 无。

妈妈教你玩：

1. 在宝宝左侧放一个有意思的玩具，再把他的右腿放到左腿上，再将其一只手放在胸腹间，轻托其右边的肩膀，在背后往左推宝宝，宝宝就会向左转。慢慢地，让宝宝自己翻转。

2. 妈妈让宝宝仰卧在床上，拿着宝宝感兴趣的玩具分别在两侧逗引，让宝宝自动将身体翻过来。

爱心提醒

训练宝宝翻身时，应先从仰卧位翻到侧卧位，再回到仰卧位，一天训练 2~3 次，每次训练 2~3 分钟。

认识红色 | 认知能力

目的： 对宝宝的鉴别力和观察力的培养大有好处，同时也有利于培养宝宝对红色的认知力。

准备： 红色玩具。

妈妈教你玩：

1. 放一件宝宝最喜爱的红色玩具，如红色积木，反复告诉他："这块积木是红色的。"然后妈妈拉着宝宝的手从几种不同的玩具中拿出这块红色积木。

2. 再拿出另一个红色玩具，如红色瓶盖，告诉宝宝："这是红色的。"如果宝宝表示疑惑，妈妈再拿一块红布与红积木、红瓶盖放在一起，告诉他："这边都是红色的，那边都不是红色的。"但现在还不要说那边是白色的或黄色的，要将宝宝的注意力集中到红色上。

爱心提醒

妈妈一次只能教一种颜色，教会后要巩固一段时间再教第二种颜色。

专题

爱的抚触

给宝宝做抚触的好处

1. 扩张血管与促进血液循环。

2. 帮助吸收与消化，强健消化系统，减缓消化不适与胀气。

3. 减少压力，调节生活韵律，让宝宝睡觉更安稳，醒来更清醒。

4. 让亲子的联结更深，促成亲子连心。

抚触前的准备

1. 取下戒指、手镯、手表等容易划伤宝宝的饰品，剪短指甲，用温水洗净双手。

2. 抚触前，家长可以为宝宝涂抹按摩油，如橄榄油、婴儿润肤油等，在保护并滋润宝宝娇嫩皮肤的同时，宝宝也可以更舒适地享受抚触。

3. 在做抚触的过程中，可以播放节奏舒缓、曲调优美的古典音乐，既营造了舒适温馨的氛围，又可以通过音乐来激发宝宝的音乐能力、创造性、认知能力和语言能力。

抚触的时间和环境

沐浴后，吃奶后 30 分钟，腹部抚触的力度不宜过大，宝宝睡觉前，灵活用心地寻找其他与宝宝一起抚触的合适时间，如给宝宝洗脸的时候可以顺便做下面部的抚触。

室内温度最好在 23~25℃，光线柔和，通风状况良好，尽量保证抚触期间不要有人走来走去打扰。

抚触的注意事项

抚触力度由轻到重： 最开始抚触时，动作要轻柔。特别注意宝宝的眼睛周围，别过犹不及，引起宝宝的反感。

随着宝宝月龄的增加，不断适应了抚触，可以慢慢加大力度，促进宝宝的肌肉协调，以宝宝舒适不反抗为度。

教宝宝认识身体部位： 抚触能帮助宝宝正确认识身体的器官名称，如做耳朵抚触时，可以边做边问："你的耳朵呢？你的耳朵呢？"在做手部抚触的时候，边做边跟宝宝说"这是你的手"。这样反复一段时间，宝宝便可以慢慢记住身体器官的名称。

注意环境的安全：在给宝宝做背部抚触时，要清理干净周边的硬物，要特别注意在宝宝翻身时不要碰到硬物。

抚触作用及手法

脸部抚触

功效：缓解脸部因吸吮、啼哭等造成的紧绷感。

手法：取适量的婴儿润肤油，从前额中心处用双手拇指往外轻轻推压，划一个微笑状。眉头、眼窝、人中、下巴，同样用双手拇指从中心处往外推压，画出微笑状。

胸部抚触

功效：让呼吸更加顺畅。

手法：双手放在宝宝两侧肋边，右手向上滑至宝宝右肩、复原，左手用同样的方法进行。

臂部、手部抚触

功效：增强运动的协调能力。

手法：从宝宝上臂到手腕部轻轻挤捏，然后用手指按摩手腕；双手夹住宝宝的小手臂，上下搓滚；用拇指从宝宝手心按摩至手指尖。

腹部抚触

功效：帮助宝宝排气通便。

手法：按顺时针方向按摩腹部，但在脐带未脱落前不要按摩该区域。

背部抚触

功效：舒缓背部的肌肉。

双手平放在宝宝背部，从颈部向下抚摸，然后再次从颈部向下用指肚轻轻按摩脊柱两边的肌肉。

腿部、足部抚触

功效：让宝宝的运动协调能力增强。

手法：从宝宝的大腿至脚踝部轻轻挤捏，然后按摩脚踝至足部。

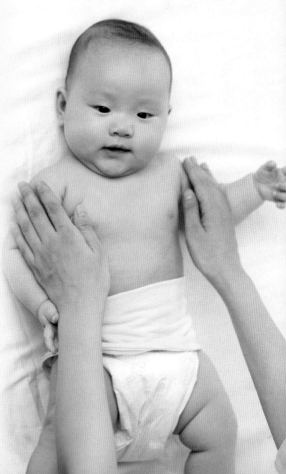

科学的抚触可以让宝宝获得安全感和增强对父母的信任感

第 13~16 周（4 个月宝宝）

视野扩大了

　　这个时候的我开始有了探索欲，想要模仿一些不同的声音，也可以分辨一些熟悉的音节，心情好的时候，我会用自己独特的语言和妈妈交流，对于那些每天发生在我周围的事情，我都会做出一些反应了，我更加高兴的是，我的视野现在更开阔了。

妈妈育儿备忘录

1. 在给宝宝添加辅食时，应遵循由稀到稠、由少到多的原则，可添加菜水、果泥、蛋黄等。
2. 多添加富含铁的食物，补充铁剂，以免宝宝患缺铁性贫血。
3. 补充维生素 A，预防营养缺乏引起的夜盲症；补充维生素 C，提高宝宝免疫力。
4. 给宝宝选择合适的枕头，并配置睡袋。
5. 适当带宝宝到户外活动。在使用婴儿车的时候，要注意安全。
6. 在干燥的季节中，给宝宝涂抹婴儿专用的润唇膏，防止嘴唇干裂。
7. 提高宝宝的抗寒能力。
8. 帮助宝宝养成良好的排便习惯，开始把大小便。
9. 让宝宝尽情地多看、多听、多摸、多运动、多闻。
10. 宝宝已经会翻身并能够取玩具，注意别让宝宝摔伤。
11. 添加辅食时，要添加易消化的食物，避免宝宝出现消化不良。
12. 谨防宝宝吞食异物。
13. 训练宝宝的手部运动，增强手部的灵活性。

宝宝成长小档案

	男宝宝	女宝宝
体重	5.0~8.0 千克	4.5~7.5 千克
身高	57.3~65.5 厘米	55.6~64.0 厘米
生理发展	宝宝趴着，能用小胳膊撑着，将头和肩膀高高抬起来	
心智发展	开始对大人吃的食物表现出兴趣	
感官与反射	对各种气味产生兴趣	
社会发展	表达情绪的方式更加复杂 被搔痒时会发笑	
预防接种	脊髓灰质炎糖丸：出生后第 4 个月第 3 次接种 百白破疫苗：出生后第 4 个月第 2 次接种	

宝宝发生的变化

会把身体侧过来

宝宝在仰卧的状态下，能够翻身变成侧卧，甚至变成俯卧的姿势。也就是宝宝会自己翻身了，如果宝宝还不能翻身，也不要着急，爸爸妈妈可以轻轻托住宝宝的肩膀和臀部，引导其做出翻身的动作。

喜欢吸吮手指和一切抓到的东西

宝宝吸吮手指的次数更加频繁，爸爸妈妈不要过分在意，只要能保持手部的清洁，就不用刻意制止。宝宝除了自己的手指，对其他任何能抓到的东西都有兴趣，不管抓住什么都往嘴里送，这个时候爸爸妈妈要注意不要给宝宝细小的部件，防止宝宝吞食。

有了分辨颜色的视觉能力

宝宝的视觉能力有了明显提高，可以看到的视野范围增加到 180 度，此时的宝宝对颜色的反应跟成人差不多，但对某些颜色却情有独钟，比较偏爱红色，其次是黄色、绿色、橙色和蓝色。

形成记忆的能力

宝宝出生 3 个月后，能够有目的地看某些物体。对于自己经常看到的事物会很感兴趣，宝宝最喜欢看妈妈，也喜欢看玩具和食物，尤其喜欢奶瓶。对看到的东西记忆比较清晰了。

宝宝的营养中心

可能会出现母乳不足

如果宝宝的每日体重增加低于 15 克或一周体重增加低于 120 克，就表明母乳不足了。如果宝宝开始出现闹夜，体重低于正常同龄儿，就应该及时添加配方奶。

母乳不足可给宝宝添加配方奶，但很多时候宝宝会排斥，可以先用小勺喂。小勺喂也不行的话，就给宝宝添加点米汤、菜汁、果汁等，但这时添加米粉可能会消化不好。如果母乳不是很少，就要坚持到 4 个月以后，宝宝可能会突然很爱吃配方奶了。

缺铁会影响到宝宝的智力和身体的发育，对于宝宝以后的成长有很大的影响

宝宝可以开始补铁了

宝宝在第 4 个月时容易出现缺铁性贫血，因此要及早开始补充铁质。铁是人体需要的微量元素，主要存在于血红蛋白、肌红蛋白等组织中，是人体红细胞中血红蛋白的组成成分，是造血的主要原料。

宝宝缺铁的表现

宝宝缺铁时皮肤较干燥，指甲易碎，毛发无光泽、易脱落、易折断，疲乏无力，面色苍白，呼吸困难，伴有便秘；还会表现为经常哭闹、夜间啼哭、易惊醒、不易入睡、呼吸道感染、体重较轻等。缺铁的宝宝一般患有贫血、口角炎、舌炎、胃溃疡和胃出血，大一点的宝宝喜欢吃墙皮、泥土、生米、纸等。

铁的来源

1.动物的肝、肾、瘦肉，蛋黄，鱼类，尤其以肝脏含铁最为丰富。

2.植物种的豆类、红枣、紫葡萄、山楂、樱桃和一些蔬菜（如菠菜、芹菜、南瓜、番茄等）都含有较多的铁。

> **宝宝TIPS**
>
> 宝宝在 4 个月以后如果缺铁，就需要适当多补充一些含铁丰富的食物，但宝宝在半岁以前能吃的食物比较少，可以在补充蛋黄的同时添加一些果汁，因为果汁中含有可以促进铁质吸收的维生素 C。

上班后的母乳喂养

有些妈妈在宝宝三四个月时就得上班，不能像以前那样哺乳了。这时妈妈的乳汁还很充足，宝宝也需要从母乳中获取更多的营养。如果此时完全改为人工喂养，未免可惜。事实上，如果能采取适当的措施，还是可以继续母乳喂养的。

妈妈出门前将宝宝喂饱

喂饱宝宝后，妈妈可以将乳房中多余的乳汁挤出或用吸奶器吸出，放入消过毒的清洁奶瓶中，存放在冰箱里，当妈妈不在家时用来喂宝宝。

妈妈上班期间将乳汁挤出储存

妈妈按照原来的哺乳时间定时将乳汁挤出或用吸奶器将乳汁吸出。挤出的乳汁可保存在消过毒的清洁奶瓶中，放在冰箱里或阴凉处，下班后带回家中，留作宝宝次日的食物。

需要特别注意，在保存乳汁时，一定要注意奶瓶、吸奶器的清洁和消毒，手也应该洗干净。吸出来的乳汁要尽可能放在冰箱中，存放时间不要超过 8 小时。

> **宝宝TIPS**
>
> 上班后由于工作的压力和宝宝吸吮次数的减少，有的妈妈乳汁分泌会减少，所以应想办法保持充足的母乳。工作间隙挤出乳汁有利于母乳的持续分泌，多食汤水及催乳食物、保持愉快的心情都可帮助乳汁分泌。

怎样安排宝宝的吃奶次数和吃奶量

超量喂奶不利宝宝的生长

事实已经证明，给宝宝超量喂奶，会对宝宝的生长发育带来不利影响。如果 4 个月的宝宝，吃奶量超过 1000 毫升，以后迟早会发胖。胖宝宝由于体内多余脂肪的聚积，动作迟缓，站立行走时间也较其他宝宝晚。所以，尽管宝宝爱喝奶，每天的总量也应控制在 1000 毫升以内。

母乳仍能满足宝宝的营养需求

4 个月的宝宝仍能从母乳中获得所需要的营养，每天所需要的热量为每千克体重 397 千焦左右。

母乳喂养充足的宝宝，不用急于添加其他辅食。第 4 个月里，宝宝对碳水化合物的消化吸收还是比较差的，对奶的消化吸收能力强，对蛋白质、矿物质、脂肪、维生素等营养成分的需求可以从母乳中获得。

营养
百分食谱

通乳抗毒

明虾炖豆腐

材料 虾 100 克，豆腐 200 克。

调料 盐 4 克，葱段、姜片各 5 克。

做法

1. 将虾线挑出，去掉虾须，洗净备用；豆腐洗净，切成小块。

2. 锅中放适量清水，置火上烧沸，放入虾和豆腐烫一下，盛出备用。

3. 锅置火上，放入虾、豆腐块和姜片，煮沸后撇去浮沫，转小火炖至虾肉熟透，拣去姜片，放入盐调味，撒上葱花即可。

宝宝护理全解说

生理性腹泻怎么办

1. 如果母乳不足，添加了配方奶，可以更换其他品牌的配方奶。

2. 哺乳妈妈应避免生冷、油腻的食物，尽量多摄入一些高蛋白的饮食。

3. 如果原来用鱼肝油滴剂补充维生素AD，可改成水溶性的多种维生素能减轻生理性腹泻。

生理性厌奶期的应对策略

对于宝宝出现厌奶的情况，妈妈可以通过下面几点来应对：

1. 妈妈可以检查一下是不是奶嘴过小，可以尝试用小勺给宝宝喂奶。

2. 增加宝宝每天的活动量。

3. 只要宝宝的身高、体重都在正常范围内，就不要强迫他吃奶。

定时给宝宝把大小便

掌握时间规律

在把尿前，妈妈应先摸清宝宝小便的规律，3个多月的宝宝一般在吃奶或喝水后10多分钟就有尿了。这时，妈妈应开始把尿，双手把住宝宝两腿，发出"嘘嘘"声促使宝宝形成排尿反射，慢慢养成习惯。一般来说，白天应在睡前、醒后、喂奶前后定时给宝宝把尿。

姿势要正确

把大小便的姿势要正确，宝宝的头和背部要靠在妈妈身上，而妈妈的身体不要过于挺直，否则容易疲劳。

别让宝宝睡偏了头

宝宝的骨质很松，受到外力时容易变形。如果长时间朝同一个方向睡，其头部重量势必会对接触床面的那部分头骨产生持久的压力，致使那部分头骨逐渐下陷，最后导致头形不正。头形不正影响美观。

避免这种后果的方法比较简单，即在出生后的头几个月，让宝宝经常改变睡眠方向和姿势。具体做法就是，每隔几天，让宝宝由左侧卧改为右侧卧，然后再改为仰卧位。如果发现宝宝头部左侧扁平，应尽量使其睡眠时脸部朝向右侧；反之亦然，如果发现宝宝头部右侧有些扁平时，尽量让其睡眠时脸部朝向左侧，就可纠正了。

刚出生的宝宝是不需要枕头的，三四个月以后可以根据宝宝的头形和睡觉的习惯选择高低合适的枕头

就让宝宝啃手指吧

宝宝在没事的时候总是喜欢吃自己的小手，不仅是吸吮自己的手指，有的时候也会啃玩具，很多的妈妈都会担心卫生的问题，阻止宝宝这样做，强迫宝宝把手从嘴里拿出来，其实这是婴儿在发育过程中常见的现象，在这个月当中的宝宝，吃手的行为是正常的，不是不良习惯，也不是想吃东西，也不是因为宝宝缺乏安全感的结果。

在宝宝1岁之后要是经常会吸吮手指，这就是问题了，也就是我们常说的"吮指癖"，出现这样的情况有很多，但是和在婴儿时期吸吮手指的时候没有阻止没有直接的关系，所以妈妈不要担心，宝宝如果喜欢自己的小手，就让他好好玩吧。

给宝宝选个合适的小枕头

1. 枕头以高3厘米、宽15厘米、长30厘米为宜，而且要随着宝宝的生长及时调整枕头的高度。

2. 宝宝的新陈代谢非常旺盛，小脑袋总是出汗，睡觉时甚至会浸湿枕头，造成汗液和头皮屑混合，容易使一些病原微生物及螨虫、尘埃等过敏源附着在枕头上，不仅散发出不好闻的气味，还容易诱发支气管哮喘、皮肤感染等疾病。因此，宝宝的枕套要选用柔软吸汗的棉布，并经常拆洗和晾晒。

3. 枕芯要软硬适中，不容易变形，里面可以填充无污染的荞麦皮或泡过并晒过的茶叶末等。

宝宝总是打嗝怎么办

正常打嗝不要惊慌

宝宝的呼吸以腹式呼吸为主，6个月以内的宝宝常会因吃奶过快，吸入冷空气，笑，哭，受凉等使自主神经受到刺激，从而使膈肌发生突然性的收缩，导致迅速吸气并发出"嗝"声。这是一种常见现象，只要打嗝程度不是很厉害，就不必太过担心。

给宝宝止嗝的方法

抱起宝宝，轻轻地拍背，喂点热水。宝宝打嗝如果看起来很难受，可以用食指指尖在宝宝的嘴边或耳边轻轻挠痒，因为嘴边的神经比较敏感，挠痒可以放松神经，打嗝随之消失。

这个时期的宝宝吸吮手指是很正常的，妈妈只要做好卫生措施，就可以让宝宝自己在那里尽情吸吮了

婴语小词典

不爱吃奶

宝宝自述：我4个多月了，学会了翻身，能看到很多新奇的东西，什么都想尝尝、摸摸。妈妈每天都让我吃奶，吃奶，再吃奶，我就不喜欢吃奶了！

婴语解析：喂奶量太大，使宝宝肠胃负担增大，表现出不吃奶是要休息肠胃。另外，如果过早给宝宝添加果汁、菜水等辅食，会降低宝宝对奶的兴趣。

育儿专家怎么说：三四个月的宝宝很容易出现厌倦吃奶的现象，也有心理方面的原因。厌奶是宝宝对过度喂养发出的无声抗议，也是宝宝更喜欢探索外部环境的一种表现。

不同季节的护理

春季：多进行日光浴

春天万物复苏，春风和煦，在阳光灿烂的白天可以带着宝宝到户外活动活动，让宝宝可以有机会多接触一下大自然，享受一下日光浴。但是，春天的气温多变，所以带着宝宝出门的时候一定要注意天气的变化、注意保暖，可以给宝宝戴上一顶有沿的小布帽，以便遮挡阳光保护眼睛，在户外的时候和宝宝多交流，帮助宝宝多多运动。

秋季：防止出现秋季腹泻

秋天天气开始转凉，这个时候不要过早地就给宝宝加上厚厚的外套，保持宝宝每天在户外的活动时间，增强宝宝抗寒的能力和呼吸道抵抗病毒侵袭的能力，所以妈妈千万不要过于着急，稍微"秋冻"一下，是对宝宝有好处的。秋季腹泻比较流行，妈妈发现宝宝出现了腹泻，就要及时带宝宝去诊治。

夏季：防止出现脱水发热

4个月的宝宝汗腺已经开始发育，所以夏季的炎热会让宝宝出现出汗脱水，要及时补充水分，防止脱水热的情况发生，宝宝出现脱水热，会有体温升高，尿量减少，烦躁不安的表现，这个时候要注意不能立刻降低室温，要先给宝宝补充水分，给宝宝洗个温水澡，将室温降到28℃左右，与室外温差不要超过7℃。

冬季：保持室内温湿度

冬季室内外温差大，如果从温暖的室内到寒冷的室外，宝宝脆弱的呼吸道很难适应过来，所以不要想当然地认为宝宝穿得暖和就没问题了。最好是室内的温度不要过高，在中午阳光充足，气温最高的时候带宝宝到户外活动一下，同时，室内湿度最好是保持在40%~50%。

益智游戏小课堂

鼓励宝宝用前臂支撑 | 精细动作能力

目的： 在做俯卧抬头的基础上，锻炼了宝宝用手臂支撑全身的能力。

准备： 发音玩具。

妈妈教你玩：

1. 给宝宝穿上宽松的衣服，让宝宝趴在床上，将他的两只胳膊放在胸前，做支撑状。
2. 妈妈站在宝宝面前，先呼唤宝宝或拿一个发音玩具，逗宝宝抬头，然后拿着玩具在宝宝面前晃动，引导宝宝用前臂支撑身体，有时宝宝会将胸部抬起，同时高高地抬头。

爱心提醒

　　宝宝如不能用前臂支撑，妈妈不要太着急，平时多抱抱宝宝，让其站立，多补充钙质，强硬骨骼，慢慢地宝宝就能用前臂支撑起身体了。

由近到远追视 | 视觉能力

目的： 让宝宝学会远距离追视，为以后追着玩和爬行做准备。

准备： 惯性车。

妈妈教你玩：

1. 抱宝宝坐在有大镜子的梳妆桌旁，妈妈在桌上推动一个惯性车。
2. 等从镜子上看到宝宝用眼睛甚至动手去追惯性车时，让宝宝俯卧在地垫上，趁他用手支撑上身时，在地垫上推动惯性车，让宝宝做远距离的注视。

爱心提醒

妈妈移动惯性车时，要让惯性车始终保持在宝宝的视线内，退后至1.5米处停止，让宝宝远距离注视一会儿，再往宝宝眼前移动。

专题

快快乐乐洗个澡

贴心提醒

洗澡前的准备

1. 检查宝宝的身体状况。给宝宝洗澡前，妈妈最好仔细地观察宝宝的身体状况和精神状态，如果身体不适或刚接种过疫苗的话，就暂时不要洗澡了。此外，最好在喂完奶半个小时后再洗澡。

2. 调整好宝宝洗澡的室温。夏天的话，正常室温就可以；冬天的话，需要等到室温调整到25℃左右再开始洗澡。

3. 准备好洗澡的用品。将宝宝的浴巾、换洗衣服、洗发沐浴露、水中玩具等放置在相应的位置。

开始洗澡啦

1. **测洗澡水的温度。**在浴盆中准备洗澡水，洗脸盆里准备最后冲洗的水，用手肘测水温。

2. **抱起宝宝。**给宝宝脱完衣服就放在水中会吓到宝宝，所以要围着毛巾，一手托着脖子，肘部夹屁股，另一只手洗。

3.**擦脸和清洗头发**。按眼睛、鼻子、嘴巴、耳朵、头发的顺序给宝宝清洗（见下图）。注意清洗头发的时候，要堵住宝宝的耳朵，阻止耳朵里进水。

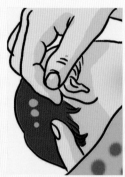

4.**洗澡**。拿下围着宝宝的毛巾后把脚慢慢地放入水中，让宝宝坐在一边。妈妈若是右撇子就用左胳膊，若是左撇子就用右胳膊托着宝宝的后背和脖子。按脖子、腋下、肚子、胳膊、手、腿、后背的顺序来洗，然后用清水冲洗干净宝宝，最后抱出水。

5.**擦干**。把宝宝放在毛巾上，用毛巾围住全身，轻拍胳膊和腿要按摩着擦洗，手指一个个张开着擦。

贴 心 提 醒

宝宝浴后护理

1. 涂上爽身粉。宝宝皮肤娇嫩，特别是夏季很容易出现痱子，为此，父母给宝宝洗完澡后，可以给宝宝全身涂抹一些爽身粉。

2. 换尿布。给宝宝洗完澡后，要换上干净的尿布，这样宝宝会非常舒服。

3. 穿衣。宝宝的肌肤娇嫩、滑腻，又不会配合穿衣的动作，因此给宝宝穿衣服并不是一件容易的事，往往弄得妈妈手忙脚乱。所以给宝宝穿衣，一定要先穿上衣再穿裤子。

第 17~20 周（5 个月宝宝）

喜欢到处抓东西

现在的我越来越有力量了，我喜欢在妈妈的怀里撒娇，喜欢通过自己的声音告诉大家我在这里，我还对妈妈的项链和爸爸的眼镜越来越感兴趣，总是会忍不住用自己的小手去抓一抓。

妈妈育儿备忘录

1. 帮助宝宝接受新的食物，添加辅食，如蛋黄、米粉、水果泥、菜汁等，要及时为宝宝添加富含钙、磷及各种维生素的食物。
2. 每天给宝宝进行亲子按摩、被动操。
3. 多抱宝宝起来玩，每天扶坐、扶站、扶蹦，引导宝宝抓悬吊着的玩具。
4. 正确处理宝宝喉咙的痰。
5. 加强看护，避免宝宝掉到地上。
6. 注意照顾夜里啼哭的宝宝。
7. 防止宝宝触摸危险物品，也防止宝宝吞入异物。
8. 清洁宝宝的耳朵要细心。
9. 给宝宝洗澡时，避免宝宝烫伤或滑倒。
10. 多刺激宝宝的手指，促进其脑部发育。
11. 让宝宝多活动身体，能增强宝宝肢体平衡能力，发展前庭系统，更能让宝宝在活动中接触周围的环境，从而促进脑部发育。

宝宝成长小档案

	男宝宝	女宝宝
体重	5.6~8.7 千克	5.0~8.2 千克
身高	59.7~68.0 厘米	57.8~64.4 厘米
生理发展	会摇摆扭动身体	
心智发展	会想要碰、握、翻、摇和用嘴含东西 有意识地模仿大人的声音和动作	
感官与反射	伸手拿东西时，能对准目标	
社会发展	能听懂爸爸妈妈严厉或亲切的声音，会惧怕和悲伤	
预防接种	百白破疫苗：出生后第 5 个月第 3 次接种	

宝宝发生的变化

能够倚靠着坐一小会儿

宝宝能够倚靠在沙发上或枕头旁坐一小会儿。不过，还不能坐较长的时间，很快就会朝一侧歪斜。暂时还不能让宝宝坐太长时间，而且宝宝身边一定要有人照看。

开始产生好奇心

宝宝对周边的情况表现出关注的样子，开始产生好奇心。看着自己的手脚，然后放进嘴里吸吮的行为，就是宝宝产生好奇心的证明。

睡觉有了一些规律

宝宝睡觉有了自己习惯的方式，例如，有的宝宝会边吸吮着乳汁边睡觉，有的宝宝必须躺在摇床里才能睡觉等。宝宝晚上睡觉的时间也有了一定的规律。在宝宝睡觉之前，要通过给宝宝洗脸、洗脚、关灯等行为，使宝宝产生睡觉的意识。

宝宝的活动能力增强了，看到妈妈之后会露出高兴的表情

宝宝的营养中心

母乳或配方奶仍为主食

第5个月的宝宝对营养的需求较第4个月没有太大的变化，宝宝可适量添加辅食，让宝宝养成吃乳类以外的食物的习惯，刺激宝宝味觉的发育。每天需要的热量为每千克体重460千焦。

这个月的宝宝可以每4个小时喂一次奶，每天喂4~6次，还可以喂两次辅食。每次喂食的时间应该控制在20分钟以内，两次喂奶中间可以喂水或果汁。当然，母乳或配方奶还应当是宝宝的主食。

适合这个月宝宝食用的食物有：蛋黄、菜汁、菜泥、果汁、果泥等。

要不要给宝宝加辅食

宝宝出生后的前4个月不能消化母乳及奶粉以外的食物，肠功能尚未成熟，加辅食容易引起过敏反应。如果出现反复多次的食物过敏，则有可能引起消化器官和肠功能萎缩，造成宝宝对食物拒绝。所以，最好在宝宝消化器官和肠功能成熟到一定程度后再开始添加辅食。

随着消化酶的活跃，4个月的宝宝消化功能逐渐发达，唾液的分泌量会不断增加。这个时期的宝宝会突然对食物感兴趣，看到大人吃东西时，自己也会张嘴或朝着食物倾上身，这时就应准备添加辅食了。但是宝宝可以添加辅食，并不能单纯从月龄上来判断，要看看宝宝是不是真正能够接受辅食了。

添加辅食的原则

添加辅食应循序渐进，不可操之过急，要从最容易被婴儿吸收和接受的辅食开始，一种一种添加，添加一种后要观察几天，如果出现不良反应就要暂时停止，过几天再试。添加辅食还要从少到多，从稀到稠，从软到硬，从细到粗，让宝宝慢慢适应。如果宝宝拒绝吃某种食品，也不要勉强，可等几天再试，但不要失去信心。另外，在炎热的夏季和宝宝身体不好的情况下，不要添加辅食，以免宝宝产生不适。

宝宝辅食制作要点

果汁	最好是自己做的新鲜水果的鲜榨果汁，这样可以保证果汁的营养，也能够保证没有防腐剂和色素。最好是现喝现榨，不要让宝宝喝隔天的果汁。在制作的过程中要注意榨汁机的清洁卫生，也要注意滤去较大的渣滓和果核
菜汁	要将新鲜的蔬菜清洗干净，剁成泥状，锅中放入水烧开，将剁好的菜泥放入开水中煮一会儿，关火。向煮好的菜汤中加入少量的盐，晾温后就可以喂给小宝宝了

注意避免宝宝进食时的呛咳

喂宝宝喝水时，速度一定要控制得恰当适宜，宁可慢一些也不要过分急躁。有些父母会归罪于宝宝自己吞吸得很急，但是奶瓶在父母手上，父母可通过控制奶瓶的进出及奶嘴孔的大小来控制宝宝吸奶的速度。

不同的宝宝食量不同，有的宝宝吃得少，每天也就 600~800 毫升，有的宝宝食量大，可以吃到 1000 毫升

突然或反复吸呛时，可能会造成严重的吸入性肺炎，这也可能是由于宝宝口咽部有毛病，最好带宝宝让儿科医师好好检查一番。

宝宝哭泣、呼吸急促呈气喘时，吃东西也容易被吸呛，所以要避免让宝宝边哭边吃。

按需喂养宝宝

宝宝的食量是有个体差异的。如果宝宝吃得少，但体重增长正常，就不必要求宝宝每天吃到 1000 毫升奶。如果宝宝吃奶每次 200 毫升，每天 5 次，或每次 250 毫升，每天 4 次，就不要再往上加量了。可以适当地添加辅食，来补充奶量不足的部分，减少脂肪的摄入，避免宝宝肥胖。

要允许吃得少些的宝宝保持自己的食量，妈妈不应该过分在意宝宝吃多吃少，而要注意监测他的身高、体重、头围和各种能力的发育情况。实际上，真正由疾病引起食量偏小的并不多见。爸爸妈妈能客观评价宝宝的食量是喂养的关键。

可以给宝宝添加点鸡蛋黄

蛋黄营养丰富，能为宝宝补充所需的铁质，而且较易消化吸收。因此，妈妈可以给宝宝喂食一些蛋黄。喂食的方法为：生鸡蛋洗净蛋壳，煮熟后取出，凉凉后剥去蛋壳。用干净的小勺划破蛋白，取出蛋黄，用小勺切成 4 份或更多份。刚开始每日喂食四分之一个煮熟的蛋黄，压碎后分两次混合在配方奶、米粉或菜汤中喂食。宝宝吃后如果没有腹泻或其他不适感，以后可逐渐增加为半个至 1 个。7 个月时便可以吃蒸鸡蛋羹了，可先用蛋黄蒸成蛋羹，以后逐渐增加蛋清的量。

宝宝 TIPS

4 个多月的宝宝对异种蛋白会产生过敏反应，容易诱发湿疹或荨麻疹等疾病。所以，不到 7 个月的宝宝不能食用鸡蛋清。

营养
百分食谱

帮助新妈妈
补充钙质

排骨大白菜

材料 猪排骨 500 克，大白菜 250 克。

调料 香菜段 10 克，盐 4 克，葱段、姜片各 5 克。

做法

1. 大白菜去外帮，洗净，切成长 4 厘米、宽 3 厘米的片。

2. 猪排骨洗净，剁成 5 厘米长的段，放入沸水锅中汆烫，捞出，控净血水。

3. 锅内倒油烧热，放葱段、姜片炝锅，放入猪排骨大火煸炒，放适量开水，中火烧至排骨熟，再放白菜烧至半熟，加盐调味，转小火慢炖熟，放香菜段即可。

宝宝护理全解说

宝宝的房间巧布置

为了保证宝宝的视力可以正常的发育，宝宝的卧室、玩耍的房间，最好是窗户较大、光线较强，如朝南或朝东南方向的房屋。不要让花盆、鱼缸及其他物品影响阳光直射室内。

宝宝房间的家具和墙壁最好是鲜艳明亮的淡色，如浅蓝色、奶油色等，这样可使房间光线明亮。如自然光线不足可加用人工照明。

人工照明最好选用日光灯，一般灯泡照明最好用乳白色的圆球形灯泡，以防止光线刺激宝宝眼睛。

创造一个丰富声音的环境

此时，宝宝的听觉器官正在迅速发育，耳朵很灵敏。睡觉时经常被大一点的声响吓着。偶尔有东西掉到地上，甚至走路声音大了点，宝宝都会受惊而哭起来。为了促进宝宝的听觉发展，除了生活中自然发出的声音外，爸爸妈妈还可以为宝宝打造一个充满动听声音的环境。

1. 让柔和曼妙的音乐自然地流淌在空气中，这能刺激宝宝的听觉，还有利于宝宝保持良好的情绪。

2. 和宝宝玩会发出声音的玩具，像音乐盒、铃鼓、捏一下就会叫的小球或橡胶娃娃等，吸引宝宝转头注视，甚至想伸手去抓，这对宝宝的听觉、视觉和动作的发展都大有裨益。

3. 爸爸妈妈要多对宝宝说话，给他唱歌，对他笑，陪他玩，这些所产生的效果不仅能促进听觉，对宝宝将来的语言学习有帮助，还有助于建立牢固的亲子感情。

宝宝TIPS

3岁之前的宝宝对韵律节奏有着天然的感悟力，5个月的宝宝不仅能够安静地听音乐，而且可以区分出音色，对于优美动听的音乐非常喜欢。这个时候宝宝的语言能力相对弱一些，对宝宝来说，儿歌是比较容易接受的语言形式，能锻炼宝宝的语言能力。所以，妈妈要多给宝宝念儿歌。

让妈妈苦恼的便秘

5个月的宝宝这个时候可能会出现便秘的情况，不管是母乳喂养还是人工喂养，这个时候需要给宝宝增加一些蔬菜，如菜泥、菜粥，来帮助宝宝缓解便秘的情况。

在绿叶蔬菜中，芹菜和菠菜对于缓解便秘有比较好的效果，因为这些蔬菜中有比较多的纤维素。另外还可以多吃一些胡萝卜泥、葡萄、西瓜、草莓等，大家都知道蜂蜜总是被认为有润肠的作用，但是1岁以内的孩子还是不要吃。有的妈妈看到宝宝便秘之后，想要通过开塞露或者是灌肠帮助宝宝缓解，这样做很不好，很有可能会让宝宝对这些产生依赖性。

让宝宝按时睡觉

现在的宝宝睡觉的时候不会像以前那么安静了，而且睡觉的时间也会有所变化。要是喜欢睡觉的宝宝可能就会从晚上8点一直睡到第二天的6点。如果睡觉晚了之后，比如说是晚上10点睡觉，那么可能就会早上8点醒来。

宝宝的睡眠时间应该是在12个小时以上，要是不足12个小时，要注意宝宝的身体健康。有的宝宝出现在睡觉的时候不睡觉，不睡觉的时候呼呼大睡，每天都是这样的情况，那就说明是宝宝形成了自己睡觉的习惯，父母要慢慢地帮宝宝进行调整。

宝宝的睡觉形成都是父母帮助养成的，所以父母在平时要尽量避免晚睡晚起的情况，帮助宝宝养成一个良好的睡觉习惯。

在宝宝睡觉前不要进行太大的活动，那样不容易入睡

宝宝汗多莫惊慌

宝宝多汗的原因

宝宝生长发育特别快，代谢比较旺盛，再加上活泼好动，体内产生的热量多，出汗自然也会比较多，以散发体内的热量。有些宝宝稍微一活动就出汗，如果只是单纯地出汗，平时还是爱活动，兴奋活泼，饮食正常或偏多，生长发育良好，没有其他不适，宝宝就是健康的。

对于宝宝入睡后，上半夜出汗较多，到下半夜出汗就少了这种情况也无须担心，这是因为宝宝的神经系统发育还不够健全，交感神经在睡眠时仍然处于兴奋的状态，所以在刚睡着时容易出汗，随着神经兴奋渐渐消失，几个小时后会慢慢停止出汗。

宝宝多汗怎样护理

1. 勤换宝宝的衣服和被褥，并随时用干燥柔软的毛巾给宝宝擦汗。

2. 宝宝身上如有汗，应避免直吹空调或电风扇，以免受凉。

3. 多给宝宝喝水，补充失去的体液。汗液中除了盐分外，还会有锌，经常出汗也会造成宝宝体内缺锌。所以，饮食上应多加注意，保证宝宝代谢后能及时补充能量和营养。

慧眼识别病理性多汗

佝偻病、结核病、病后虚弱时也会出现多汗现象，要注意区分。一般来说，发色枯黄伴随经常性多汗的宝宝，应做佝偻病检查；脸色发白、长期干咳伴随多汗的宝宝，需要做肺结核检查。

婴语小词典

踢被子

宝宝自述：最近，我学会了一种新本领——踢被子。妈妈却以为是我觉得热了，给我换了薄被子后，我还是将它踢开。其实，我喜欢晒小脚丫。

婴语解析：很多宝宝晚上睡觉不老实，翻来翻去，被子总是盖不住。妈妈以为是热了，换了薄一点的被子，可宝宝照样把被子踢开。实际上，这是宝宝在长力量，是宝宝发育过程中的正常情况。

育儿专家怎么说：宝宝晚上动得越多，越容易踢开被子，所以只有还不能控制自己四肢的新生儿会静静地躺着好好睡觉，大一些的宝宝都可能会伸胳膊踢腿把被子踢开，并能更好地调节自身体温了，所以即使被子踢开也不会冻着他。

不同季节的护理

春季：多进行日光浴

宝宝可以竖立头部看周围的事物了，所以在天气暖和的时候可以带着宝宝到户外活动活动，看一看正在生长发芽的花草树木。这个时候的宝宝已经能够将自己听到的、看到的、摸到的事物相互联系起来了。

宝宝到户外进行日光浴，可以产生较多的维生素 D，促进钙向骨转移，不过要注意低血钙的发生。春季天气转暖，各种病菌也开始活跃繁殖，这个时候要注意不要带宝宝到人多的地方，户外活动也要控制好时间。

夏季：注意饮食和消暑

夏季宝宝最容易出现肠道感染性疾病，所以家长在给宝宝喂牛奶和添加辅食的时候，一定要注意卫生，要给餐具和食物彻底消毒。剩菜和剩下的奶不要喂食宝宝，在冰箱中的熟食储藏时间不要超过三天，并且在食用之前一定要加热。

天气炎热的时候，人们容易出汗，可以给宝宝多洗几次澡，可以起到降暑的作用。

秋季：多晒太阳补钙质

秋高气爽的时节，宝宝只要是护理得当，就不容易生病，妈妈不要担心一点点的秋凉。秋季的温度适宜，多带宝宝到户外活动，多晒晒太阳，可以帮助宝宝在体内储存一定量的维生素 D，来弥补在冬天不能晒太阳的损失。

冬季：房间多通风，调湿度

冬天气温很低，很多妈妈选择就是让宝宝一直待在温暖的屋里，远离冷风的侵袭，这样做其实并不正确，这个时候宝宝不适宜长时间在外面，但是也不要间断户外活动，可以在一天当中最温暖的时候在外面待上几十分钟，这样有助于增强宝宝呼吸道的抵抗力。

冬季室内外温差很大，这样对于宝宝的健康发育是很不利的，冬季室内的湿度低，通风差，最好是能够每天开窗换气，通风十几分钟，如果不愿意带宝宝到外面去晒太阳，可以让宝宝在阳光最充足的房间隔着窗户享受日光浴。

益智游戏小课堂

挠挠手心脚心 | 触觉能力

目的: 能提高宝宝的触觉反应能力,促进宝宝触觉的发展。

准备: 无。

妈妈教你玩:

1. 将宝宝放在床上平躺,脱掉宝宝的鞋袜。
2. 妈妈将手洗干净,拉着宝宝的小手,用食指和中指在宝宝的手心里轻轻划动,给宝宝制造一种瘙痒感,宝宝会摇着小手躲开或攥住小手。
3. 也可用一块小黄瓜片或其他比较凉爽的东西代替食指,来丰富宝宝的触觉。
4. 再用同样的方法来刺激宝宝的脚心。妈妈可在做游戏时,哼唱一些儿歌,如"小手心,大指头,划过来,划过去"等。

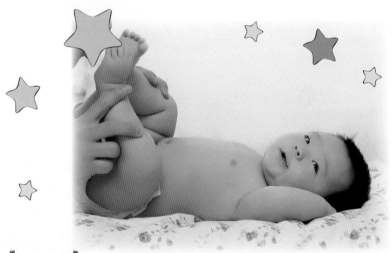

爱心提醒

中医认为,手脚心通心,对宝宝的手脚心做适量的按摩有利于血液循环。因此,妈妈可经常给宝宝按摩手脚心。

锻炼宝宝的抓握能力 | 精细动作能力

目的： 培养宝宝抓握、触摸和摆弄玩具的兴趣，锻炼宝宝的抓握能力。

准备： 积木块、毛绒小玩偶、彩铃、拨浪鼓等。

妈妈教你玩：

1. 在桌子上放些如积木块、毛绒小玩偶、彩铃、拨浪鼓等容易抓握的小玩具。
2. 将宝宝抱到桌面上，让他慢慢接近玩具，此时鼓励宝宝伸手去抓玩具。
3. 也可以让妈妈抱着宝宝，妈妈拿着玩具在宝宝前面晃动捏响，逗引宝宝伸手去抓，这样效果更好。

爱心提醒

　　如果宝宝没有主动接近玩具，可摇动玩具或用语言来引导宝宝用手去抓握、触摸和摆弄玩具。

专题

如何 应对宝宝 不吃奶

宝宝不吃就不勉强

妈妈最担心宝宝不吃奶会影响到生长发育，所以会想方设法让宝宝一直吃啊吃，有的宝宝偶尔会吃得少一点，妈妈就会还是按照平时的量强迫宝宝吃，这样宝宝非但不会按照妈妈的意思去乖乖吃奶，反而会让宝宝对于吃奶这件事产生抵触的心理，肯定就会越来越不想吃了。

其实妈妈不要太过担心宝宝的食量，只要是宝宝的体重、身高等发育情况都是在正常的范围内，那么宝宝少吃一点是没有关系的。不要总是强迫宝宝必须吃多少量，只要宝宝每天都会吃，就不要过分去管。

给宝宝合理添加辅食

给宝宝添加辅食要以宝宝的消化吸收能力来判断，过早给宝宝添加辅食，会造成宝宝肠胃的负担，引起宝宝出现腹泻、呕吐等情况。宝宝这个时候主要还是以母乳和配方奶为主食，搭配适量的辅食。

妈妈可以先尝试给宝宝添加一些米汤或者是果汁，观察宝宝之后的反应，如果宝宝没有出现不喜欢吃，皮肤出疹子、腹泻等问题，那么就可以成为宝宝辅食的一种了。等过段时间之后，再尝试给宝宝添加菜泥、果泥等。

妈妈要注意宝宝如果生长发育在正常的范围内，吃辅食的胃口也不错，就要慢慢地调整饮食的结构，增加辅食的量，让宝宝尽量少吃奶，可以在宝宝早晨或者是午睡醒来情绪好又有饥饿感的时候喂奶。

宝宝的奶粉不要经常更换

宝宝吃的奶粉的牌子不需要经常更换，有的妈妈看到宝宝不喜欢吃奶了，就会以为是宝宝吃腻了这个牌子的奶粉，就想着给宝宝换个别的牌子，换一个口味，以为这样就会让宝宝重新喜欢上吃奶。其实这样的想法是错误的，奶粉的品牌要是更换得太频繁了，宝宝一时适应不了这样的口味变化，也会出现不吃奶的情况。

要是需要给宝宝换奶粉的种类了，可以将新旧两种奶粉混合在一起喂宝宝，这样持续一周的时间，观察宝宝的大便情况，如果没有出现大便稀的情况，就可以给宝宝换奶粉了。

让宝宝多活动

让宝宝多进行一些活动，也有助于提高宝宝的食欲。在平时的时候不要总是抱着宝宝或者是让宝宝躺在床上不动，天气好的时候可以带着宝宝去户外活动活动，如果不去外面，室内也可以帮助宝宝做运动，比如说帮助宝宝做健身操、陪宝宝做游戏，在宝宝洗完澡之后给宝宝做抚触，通过这些方法加大宝宝的运动量，那么，宝宝在吃奶的时候肯定也就会有食欲了，妈妈也就不用担心宝宝不吃奶了。

让宝宝安静地喝奶

宝宝现在对于外面的世界充满了好奇，任何的声音都会吸引宝宝的注意力，让宝宝不能够专心吃奶。所以，妈妈在喂宝宝吃奶的时候，要选择一个安静舒适的环境当中，不要在人多嘈杂的客厅中。给宝宝喂奶的时候，不要开电视、播放音乐或者是其他的人来回在宝宝的周围走动，这些情况都会分散宝宝的注意力，让宝宝吃奶受到打扰。

在晚上喂宝宝的时候，要把灯光调柔和一点，营造一种温馨的气氛，在给宝宝喂奶前不要让宝宝做剧烈的运动，宝宝在安静的状态下，吃奶就会变得比较容易。

延长两顿奶之间的间隔时间

宝宝不喜欢吃奶有一点原因是因为不饿。妈妈要根据宝宝的月龄安排宝宝吃奶的时间，不要过于频繁，在给宝宝吃奶前一个小时不要给宝宝吃东西或者是喝太多的水。如果宝宝不吃奶，那就可以延长两顿奶的时间，但是不可以变成了简单的饥饿法，还是要按照一定的时间间隔来喂宝宝。

宝宝要是饿了，肯定对于吃奶是不会拒绝的，但是妈妈也不要掉以轻心，还是要按照一定的量来喂养宝宝，不要过量，避免宝宝因为吃奶过量出现肠胃问题或者再次不吃奶。

第 21~24 周（6 个月宝宝）

开始怕生了

我现在越来越喜欢运动了，还能发出很多的声音哦，我还喜欢摸妈妈的脸、鼻子和嘴，我真的好喜欢妈妈啊，就想一直在妈妈的身边，要是看到陌生人，我会感到很害怕，有的时候会哭着找妈妈。

妈妈育儿备忘录

1. 可给宝宝添加的辅食有：肉泥、豆腐、动物血、菜泥和水果泥等。
2. 宝宝出牙数在0~2颗，开始给宝宝使用牙胶，以促进其牙齿的生长。
3. 用小匙给宝宝喂食物。
4. 让宝宝保持舒服的睡眠姿势。
5. 多陪宝宝玩。
6. 帮助宝宝坐起来，并帮他翻身打滚，同时教他用双手对击积木。
7. 教宝宝指认物品和身体的五官部位。
8. 培养宝宝的味觉和嗅觉。
9. 扶着宝宝，帮助其多做跳跃运动。
10. 注意宝宝的口腔卫生。
11. 在清洁宝宝的五官时要细心。
12. 宝宝如夜间啼哭，应及时找出原因。
13. 宝宝如有斜颈，要及早治疗。
14. 注意观察宝宝有无胆道闭锁。
15. 多带宝宝进行户外活动，接触新鲜事物，并注意多与宝宝交流，丰富宝宝的人际交往能力和其他能力。
16. 多跟宝宝说话，"交谈"能提高宝宝的发音能力。

宝宝成长小档案

	男宝宝	女宝宝
体重	6.0~9.3 千克	5.4~8.8 千克
身高	61.7~70.1 厘米	59.6~68.5 厘米
生理发展	仰卧时，会抓着脚玩	
心智发展	会表现出不同的情绪，如高兴、不悦甚至发脾气 可能出现比较突然的情绪变化	
感官与反射	会操纵物品	
社会发展	会高兴地发出咕噜声和咯咯笑 听到自己的名字时会转过去	
预防接种	乙肝疫苗：出生后第 6 个月第 3 次接种 A 群流脑疫苗：出生后第 6 个月第 1 次接种	

宝宝发生的变化

可以用手抓东西

虽然宝宝还不能充分地活动大拇指，但可以用其余四个手指紧紧地抓住玩具。宝宝只要看到东西，就想伸手去抓，不仅能用手指，还能用整个手掌抓住东西。

可以自己翻身

在这个月，宝宝能自由地活动颈部，而且能翻身，这也是肌肉和骨骼发育的表现。由于个体差异，有些宝宝还不能翻身，但是妈妈不用过于担心。发育较快的宝宝可以在出生后 4 个月学会翻身，而发育较慢的宝宝可能会在出生后 7 个月才学会翻身。

能够准确地表达感情

宝宝不但能从表情上表示喜欢和不喜欢，而且情绪也更加丰富。高兴的时候，还会发出笑声。只要一见到妈妈，宝宝就会露出欢喜的笑容。

宝宝看到爸爸妈妈会高兴地笑，看到陌生人会害怕

宝宝的营养中心

宝宝需要辅食补充营养了

从第 6 个月起，宝宝身体需要更多的营养物质，母乳已逐渐不能完全满足宝宝生长的需要，添加辅食变得非常重要。如果宝宝喜欢吃辅食，最好多添加蛋黄、果蔬汁，不要只吃米和面。

宝宝开始吃辅食的时候要循序渐进，妈妈要做的就是减少哺乳，增加辅食，以母乳或配方奶＋辅食作为宝宝的正餐。妈妈可以每天有规律地哺乳 4~5 次，逐渐增加辅食量，减少哺乳量，并在哺乳前喂辅食，每天喂辅食 2~3 次。这个月里，妈妈要将谷类、蔬菜、水果及肉蛋类逐渐引入宝宝的膳食中，让宝宝尝试不同口味、不同质地的新食物。像宝宝发育离不开的鱼、鸡肉、牛肉等蛋白质丰富的食物，应将其切碎，和蔬菜一同煮烂后喂宝宝。妈妈不要着急给宝宝断奶，因为如果只给宝宝喂辅食，容易导致宝宝营养不均衡。

宝宝不喜欢辅食怎么办

宝宝开始的时候会有不喜欢吃辅食的情况，这让很多的妈妈很犯难，这个时候不要着急，掌握正确的方法就可以帮助宝宝接受辅食。但是饿着宝宝并不是添加辅食的好方法，有的妈妈用饿着宝宝的方法来让宝宝在饥饿难耐中选择辅食。实际上，妈妈这样做是不对的，这会影响宝宝对辅食的兴趣，还会影响宝宝的生长发育，使宝宝容易变得烦躁。要采用正确的方法引导宝宝喜欢上辅食。

给宝宝做咀嚼示范

有的宝宝是因为不习惯咀嚼而用舌头将食物往外推。这个时候，妈妈应该给宝宝做示范，教宝宝如何咀嚼和吞咽食物。

试着换换辅食的花样

宝宝的辅食要富于变化，这能刺激宝宝的食欲。可以在宝宝原本喜欢吃的食物中添加新的原材料，分量由少到多，烹调方式上也应该多换换花样，这样宝宝更易接受。

不要强迫宝宝进食

若宝宝到了吃饭时仍不觉得饿，不要硬让宝宝吃。经常逼迫宝宝进食，反而容易使宝宝产生排斥心理。

不要喂得太多或太快

妈妈应该按照宝宝的食量来喂食，宝宝不想吃了就不要硬塞。喂食时，速度不要太快。

宝宝 TIPS

要允许吃得少些的宝宝保持自己的食量，妈妈不应该在意吃多吃少，而要注意监测宝宝的身高、体重、头围和各种能力的发育情况。实际上，真正由疾病引起食量偏小的并不多见。爸爸妈妈能客观评价宝宝的食量是喂养的关键。

妈妈给的天然免疫物质要用完了

宝宝到了 6 个月的时候，从母体中带来的营养物质差不多要快用光了，不光是铁、叶酸、叶黄素等营养物质，连一些免疫物质也要耗光了。这个时候宝宝迫切需要形成自己的抵抗力。

宝宝的免疫力

刚出生时，宝宝的免疫系统还不完善，早期体内的免疫球蛋白主要是在胎儿期经胎盘从妈妈那里获得的，但是从妈妈那里获得的免疫物质是有限的，会随着宝宝的生长而被用完，一般经过 3~4 个月已消耗得较多，到第 6 个月，这些免疫物质就被逐渐耗尽。

但是，这时候宝宝自身的免疫系统还不成熟，无法产生足够的免疫球蛋白，免疫力处于"青黄不接"的状态，一旦接触环境中的致病菌，宝宝就难以抵抗。所以，这个月的宝宝比较容易生病。

应对措施

1. 坚持母乳喂养。母乳能给宝宝更好的免疫力，这时候的母乳虽然不像初乳有那么强的免疫作用，但同样富含活性免疫球蛋白，能很好地给宝宝补充免疫物质，而且它的成分是随着宝宝的成长不断变化的。母子间的这种直接联系能给予宝宝最有效的帮助。

2. 加强宝宝的清洁卫生。

3. 避免宝宝接触家庭内外患病的人。

尽量让宝宝以母乳为主食，不要以米面为主，辅食上多让宝宝吃水果和蔬菜

如何预防食物过敏

为了预防过敏，给宝宝添加辅食时，要注意先添加单一的食品，一旦发生过敏，就能准确找到过敏的食物。

一旦出现某种食物过敏，就不要再接着喂宝宝这类食物了，过敏现象可能会自动消失，所以，隔一段时间之后再少量尝试。

此外，敏感性宝宝的过敏特性不会那么容易消失，在此期间，妈妈能做的就是继续喂宝宝母乳，添加辅食以米糊、菜泥和不过敏的食物为主，避免宝宝接触致敏食物，等宝宝慢慢长大以后，过敏特性会部分缓解。

宝宝 TIPS

家长不要觉得宝宝可以吃辅食就不用吃奶了。母乳充足的妈妈仍然可以继续进行母乳喂养。不要因为增加了辅食，或对母乳营养的质疑而动摇信心。国际母乳协会鼓励有条件的妈妈母乳喂养到 2 岁。

营养
百分食谱

适合宝宝娇
嫩的脾胃

大米糊

材料 大米 20 克。

做法

1. 大米洗净，浸泡 20 分钟，沥干，用搅拌器将大米磨碎。

2. 将磨碎的米和适量的水倒入锅中。

3. 用大火煮开后，再调小火充分熬煮。

4. 盛出，晾温后即可。

宝宝护理全解说

免疫力变弱时要特别注意预防疾病

宝宝在出生时，带着从妈妈体内获得的对付外部细菌的免疫能力，所以，新生儿一般都不会生一些小病。可到了这个时期，宝宝从妈妈身上得到的抗体会逐渐消失，而且由于经常外出，会容易感冒或发热。

为了使宝宝不患疾病，要经常打扫室内卫生和透气，保持清爽的室内环境。外出时，给宝宝多穿几件较薄的衣服，便于热的时候随时脱去。外出回来，一定要把宝宝的手脚洗干净。

让宝宝自己尽情地玩吧

在这个时期，宝宝逐渐对周围环境有了主观的认识，而且能够独自玩耍。宝宝睡醒后，也不会哭闹，还能安静地玩自己的手或脚，或者望着周边的东西。

当宝宝独自玩耍时，妈妈或亲人可以在一旁照顾，并事先将危险的物品收拾好，但不要过多干涉，要让宝宝自由地玩耍。要让宝宝养成独自玩耍的习惯。在确保宝宝安全的前提下，要鼓励宝宝独自玩耍，但要时时查看宝宝的情况。此外，在宝宝学会一个新的动作和新的技能时，要给予充分肯定。

宝宝患上流感时的护理方法

流行性感冒是一种上呼吸道病毒感染性疾病。6个月至3岁的婴幼儿是流感的高危人群，5~6岁是流感的高发年龄组。流感病毒可由咳嗽、打喷嚏和直接接触而感染，传染性很强。

流感症状通常在病毒感染后1~3天出现，主要表现为发烧（常超过39℃），还会出现干咳、鼻塞、疲劳、头痛，有时候会出现咽痛或声音嘶哑。症状往往在发病后2~5天最为严重。

预防方法

居室保持良好的通风，尽量少带宝宝去人多的公共场所。

均衡全面地摄入营养，增强体质。爸爸妈妈要养成良好的卫生习惯。每天抱宝宝的时候要记得洗手，生病的家长要避免接触宝宝。

"咦？你好，你是谁啊？"

饮食调养方法

1. 饮食宜清淡、易消化、少油腻。

2. 多给宝宝喝酸味果汁，如山楂汁等，以保证水分供给，并提高食欲。

3. 多给宝宝吃富含维生素 C、维生素 E 的食物和水果，如苹果、橘子、土豆、地瓜、黄瓜等。

家庭护理方法

发热期间要让宝宝充分休息，天冷时可以在中午打开门窗，保证空气新鲜，但要给宝宝盖好被子，避免受凉。

用消毒棉签蘸温盐水对宝宝的口腔进行擦拭，以减少继发细菌感染的机会。

可用冷敷法给宝宝降温，以免出现高热惊厥。

密切观察病情，患病后 2~4 天如有高热、咳嗽、呼吸困难、口唇发青等情况，应及时到医院就诊。

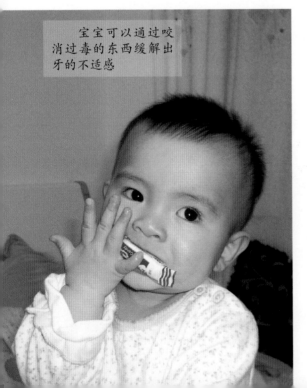

宝宝可以通过咬消过毒的东西缓解出牙的不适感

宝宝长牙时的表现

流口水：出牙前两个月左右，大多数宝宝就会流口水。

牙床出血：有些宝宝长牙会造成牙床内出血，形成一个瘀青色的肉瘤，可以用冷敷来减轻疼痛，加速内出血的吸收。

啃咬：宝宝看到什么东西，都会拿来放到嘴里啃咬一下。其目的是想借啃咬来减轻牙床的疼痛和不舒服。

应对措施

1. 给东西让宝宝咬一咬，如消过毒的、凹凸不平的橡皮牙环或橡皮玩具及切成条状的生胡萝卜和苹果等。

2. 妈妈将自己的手指洗干净，帮助宝宝按摩牙床。刚开始宝宝可能会因摩擦疼痛而稍加排斥，但当发现按摩后疼痛减轻了，就会安静下来并愿意让妈妈用手指帮自己按摩牙床了。

3. 补充钙质。哺乳的妈妈要多食用含钙多的牛奶、豆类等食物，宝宝可在医生的指导下补充钙剂。

4. 加强宝宝的口腔卫生。在每次哺乳或喂辅食后，给宝宝喂点温开水冲冲口腔，同时每天早晚 2 次用宝宝专用的指套牙刷给宝宝刷洗牙龈和刚露出的小牙。

宝宝TIPS

爸爸妈妈带宝宝外出就餐时应避免进快餐店，也尽量少让宝宝接触到快餐类的食物，因为这些地方人流较大，而汉堡、比萨、冰激凌、炸薯条之类的食品含有饱和脂肪酸，长期食用会阻碍宝宝大脑的发育，降低宝宝的记忆力，导致宝宝的学习能力下降。

婴语小词典

独坐

宝宝自述：我6个多月了，特别喜欢坐。而妈妈总是担心，出门时，把我放平躺着，说坐得太早对骨骼发育有影响。唉，这样我什么都看不到！其实，妈妈可以将小车的靠背调高一些，角度不超过45度，我就能看到有趣的人和事了，也不影响发育。

婴语解析：宝宝学坐的平均月龄是6个月，独坐的平均月龄是7个月。学坐可以增强宝宝身体各部位大肌肉的力量，为日后学习爬行打下一定的基础。

育儿专家怎么说：宝宝在6月龄前，胸椎的弯曲还没有形成，勉强学坐会因力量不足而弯曲上半身，容易造成呼吸不畅。可适当将婴儿车的靠背调高一些，但调高的角度尽量不要超过45度。

不同季节的护理

春季：注意补充钙质

这个时候的宝宝活动欲很强，而且寒冷的冬季也已经过去，温暖的阳光普照大地，是时候带着宝宝多到外面活动活动了，让宝宝的身体得到充分的锻炼，这比给宝宝补充多好的营养都要有效。多让宝宝晒晒太阳，可以补充钙质。

夏季：防暑降温

因为高温的原因，宝宝容易出现中暑的情况，这个时候最好的方法就是让宝宝喝足白开水，不要用果汁、蔬菜汁等代替，爸爸妈妈也要少抱宝宝，避免自己的体温传给宝宝，最好是让宝宝坐在婴儿车里。

秋季：预防腹泻最重要

秋季腹泻是让妈妈最头疼的流行疾病，几乎婴儿每年都会发生，只是发病的程度不同。现在我们可以通过口服或者是静脉补液盐的方法来治疗疾病，可以降低因秋季腹泻造成的婴儿的死亡率。秋季腹泻严重影响到宝宝的身体健康，所以爸爸妈妈一旦发现自己的宝宝出现了腹泻的情况，就要及时进行处理，补充水分和电解质，及时给宝宝进行口服补液盐。

冬季：适当多补充维生素AD

冬天因为天气的原因，宝宝出门晒太阳的机会很少，虽然我们人体在阳光的照射下，会通过紫外线照射产生维生素D，但宝宝浑身上下都被包裹得严严实实，就算是能够晒到太阳，身体接触到阳光的机会也很少，所以是不足以产生足够的维生素D的，这个时候就要及时地进行补充，避免宝宝出现钙质的缺失。

益智游戏小课堂

蹦蹦跳跳的小青蛙 | 大动作能力

目的： 宝宝看到玩具会努力向前爬，去够玩具，有助于促使宝宝学习爬行。

准备： 玩具青蛙。

妈妈教你玩：

1. 准备一个会爬动的青蛙玩具。
2. 让宝宝趴在床上，将青蛙放在距离宝宝 1 米远的地方，让青蛙"呱呱"叫着动起来，宝宝会非常高兴地看着玩具，还会努力向前爬行，去够玩具。
3. 再让宝宝坐在床上，如果宝宝坐不稳可倚靠枕头或其他东西。
4. 将青蛙放在距离宝宝 1 米远的地方，宝宝可能会由坐位向前倾斜变成俯卧位，企图去够玩具，这样能促进宝宝运动能力的提高。

爱心提醒

　　给宝宝玩具前，要检查玩具是否有破损，因为掉下的碎片可能会被宝宝吃到嘴中，也可能划伤宝宝的皮肤。此外，还要检查是否有易脱落的螺丝或其他部件，也要注意玩具的清洁。

宝宝去做客 | 社交能力

目的： 提高宝宝的交往热情，锻炼宝宝的交往能力。

准备： 毛绒玩具熊。

妈妈教你玩：

1. 准备一个大熊的玩具，放在床上。打扮好宝宝，告诉他："宝宝，咱们去做客了，去看熊宝宝。看宝宝打扮得多漂亮啊，咱们出发吧！"

2. 妈妈抱着宝宝去床边，跟宝宝说："宝宝，咱们到了，进去跟熊宝宝问好。"走到床边，妈妈将宝宝放在大熊旁边，拉着宝宝的手和大熊的手，教宝宝说："熊宝宝好，我们来看你了。"

3. 让宝宝跟熊宝宝玩一会儿，跟宝宝说："宝宝，咱们该回家了，跟熊宝宝再见！"

爱心提醒

在做客期间，可以即兴增加一些内容，如扮演大熊跟宝宝对话等，让宝宝充分理解做客的快乐。

专题

婴儿辅食添加

《中国居民膳食指南》婴幼儿及学龄前儿童膳食指南部分指出，从 6 月龄开始，需要逐渐给婴儿补充一些非乳类食物，包括果汁、菜汁等液体食物，米粉、果泥、菜泥等泥糊状食物以及软饭、烂面，切成小块的水果、蔬菜等固体食物，这一类食物被称为辅助食品，简称为"辅食"。

辅食添加的信号

宝宝吃完奶后意犹未尽，对餐桌上的饭菜感兴趣，能抱坐稳，开始流涎，出现推舌反应消失等，通常这个情况发生在 6 月龄左右。这时，妈妈可以考虑添加辅食了。

过早添加辅食可能发生食物过敏，增加腹泻等其他疾病的风险，越来越多的证据表明，满 6 月龄左右才是添加辅食的最佳时间。

添加辅食的时间

辅食开始添加时间应为满 4~6 月间，应该最早从满 4 个月（也就是第 5 个月）开始。即使母乳非常充足，满 6 个月也要开始添加辅食。辅食添加过早容易造成过敏、排便异常等问题，如果辅食添加得过晚，不但宝宝身体需要的营养素供给不足，

还会影响宝宝顺利断奶。希望家长相信自己母乳的营养足够宝宝享用至少4~6个月。

宝宝TIPS

给宝宝添加辅食应该在宝宝身体健康、消化功能正常的时候进行，宝宝身体不舒服或天气较热时，应停止或暂缓，以免宝宝消化不了。同时开始添加辅食时不要强迫喂宝宝吃辅食。

辅食添加的原则

由一种到多种

宝宝习惯一种食物后，再添加另一种食物。每一种食物须适应一周左右，这样做的好处是如果宝宝对食物过敏，能及时发现并确认出引起过敏的是哪种食物。

由少到多

拿添加蛋黄来说，应从四分之一个开始，密切观察宝宝的食欲及排便情况，如一周内无特殊变化，则可加到半个，继续观察一周，然后可加至全蛋。

由稀到稠、由细到粗

从流质状的奶类、豆浆，逐步过渡到米糊，然后是稀粥、稠粥，以后再到软饭、一般食物。最后从细菜泥到粗菜泥，再到碎菜，然后到一般炒菜。

辅食添加的顺序

添加辅食的原则应该是循序渐进。辅食添加量要循序渐进地增多。增加的指标是宝宝的接受情况，而不是家长的主观意图。

1. 满 4 个月后，最好的起始辅食应该是婴儿营养米粉（即纯米粉）。婴儿营养米粉是最佳的第一辅食，其中已强化了钙、铁、锌等多种营养素，其他辅食所含营养成分都不全面。这样宝宝就可获得比较均衡的营养素，而且胃肠负担也不会过重。

煮熟或蒸熟的天然材料是宝宝的最佳零食

米粉最好白天喂奶前添加，上下午各一次，每次两勺干粉（奶粉罐内的小勺），用温水和成糊状，喂奶前用小勺喂给婴儿。每次米粉喂完后，立即用母乳喂养或配方奶奶瓶喂饱宝宝。

2. 宝宝 6 个月后，米粉内可加入一些蔬菜泥（宝宝能够耐受米粉 2~3 周后，可以加上少许菜泥）。

3. 7~8 个月后可开始加蛋黄、肉泥。鱼汤应该再晚些，以防过敏。

4. 大约宝宝 10 个月时可以进行两顿完全辅食喂养。

蔬菜的简单制作

蔬菜的简单做法：洗净的蔬菜放入滚开水 1~2 分钟后取出，然后剁成菜泥，加入米粉中，混合后一同喂给宝宝。最好选择绿色菜的菜叶。另外，也可将土豆、南瓜等蒸成泥，混在米粉中喂给宝宝。

要注意胡萝卜的做法：将洗净的胡萝卜切成大块，用少许热油煸炒一下，再放入蒸锅内蒸成泥。这样在蒸的过程中，油就会与胡萝卜素结合，才能保证宝宝食用后，身体吸收足够的胡萝卜素。

第 25~28 周（7个月宝宝）

能够发出 ma-ma 声

现在的我可以在爸爸的帮助下颤颤巍巍地站在地板上了，而且我还可以自己用手抓着吃东西哦，但是妈妈总是不让我自己动手让我很不高兴。我第一次发出 ma-ma 声的时候，妈妈可高兴了，抱着我亲了好长时间呢。

妈妈育儿备忘录

1. 宝宝的饮食应遵循膳食合理搭配的原则，可以给宝宝添加饼干和肉末等。
2. 在喝奶和饭后，给宝宝喝几口白开水，能保护乳牙的健康发育。
3. 宝宝会发辅音了，如爸爸、妈妈等。
4. 教宝宝学着自己拿勺子，用杯子喝水等。
5. 开始训练宝宝学坐便盆，锻炼宝宝的自控能力。
6. 帮助宝宝学习匍匐爬行，能促进其智能的发展。
7. 培养宝宝养成良好的睡眠习惯。
8. 鼓励宝宝的模仿行为。
9. 教宝宝拍手点头、认物、找物。
10. 每天坚持帮助宝宝做被动体操，还要训练宝宝翻身、坐稳等，帮助宝宝平衡身体。
11. 帮助宝宝学会适应人多的环境。

宝宝成长小档案

	男宝宝	女宝宝
体重	6.2~9.8 千克	5.6~9.0 千克
身高	62.5~71.5 厘米	60.3~70.5 厘米
生理发展	会用翻滚的方式在房间里到处移动 仰卧时会抬降屁股移动	
心智发展	会将宝宝图片与自己联想在一起，并发出适当的声音	
感官与反射	会抓、操纵、口含及用力拍东西	
社会发展	开始透过音调学习"不"的含义	

宝宝发生的变化

可以自己坐起来了

虽然还不熟练，但是宝宝能够自己坐起来了，而且不用倚靠东西，就能伸直后背，采取安全的坐姿。

率先长出 2 颗下牙

大多数情况下，宝宝在出生 6 个月以后开始长乳牙，6~10 个月长乳牙都是正常的，因此即使 10 个月前不长牙齿也不用过于担心。率先长出的是 2 颗下牙。

逐渐产生更复杂的情绪

感情表现更加细腻，更加复杂，可以表现厌恶、喜欢、悲哀、疲倦等。

50% 的宝宝可以对"不行"等话语做出反应，并能控制自己的行为。

眼睛和手的协调能力更加成熟

经常能把手里拿着的东西放进嘴里吸吮或咀嚼。宝宝调节手指的能力还比较弱，有时候一伸开手，拿着的东西就会掉落下来。但是，这只不过是宝宝熟悉手感的过程，需要不断地训练和练习。

宝宝的营养中心

不要浪费母乳

到了宝宝第 7 个月时，妈妈的母乳如果分泌得仍然很好，就没有必要减少母乳的次数。只要宝宝想吃，就给宝宝吃，不要为了给宝宝添加辅食而把母乳浪费掉。如果宝宝在晚上起来仍然要奶吃，妈妈不要因为已经开始添加辅食了，开始进入半断奶期了就有意减少母乳。妈妈还是要喂奶，否则宝宝容易成为"哭夜郎"。

辅食添加很有必要

一定要添加辅食

在第 7 个月，一定要给宝宝添加辅食，使其慢慢适应吃半固体食物，逐渐适应断奶。在喂奶前要先给宝宝喂辅食，如米糊、烂面条或稠粥等，量不要太多，不足的部分用母乳或配方奶补充。等宝宝习惯辅食的味道后，可逐渐用一餐辅食完全代替一餐母乳或配方奶。辅食以谷类食物

宝宝的辅食食谱不是主要的，这个时候主要是锻炼宝宝吃的能力，只要是有营养就可以给宝宝吃

为主，同时可加入蔬菜、水果、蛋黄、鱼泥、肉泥，并且添加一些豆制品。肝泥也可在这个月添加，每周 1~2 次。到第 7 个月，一部分宝宝已长出门牙，应在这些宝宝的辅食中添加固体食物，以帮助宝宝锻炼咀嚼能力，促进牙齿及牙槽的发育。

食物要用刀切碎后喂宝宝

宝宝到了这个时候，就可以用舌头把食物推到上腭了，然后再嚼碎吃。所以说，这个阶段最好给宝宝喂食一些带有质感的食物，不用磨成粉，但要用刀切碎了再喂。这个月，宝宝吃的食物软硬度以可以用手捏碎为宜，如豆腐的软度即可。大米也不用完全磨成粉，磨碎一点就可以了。

辅食的摄入量因人而异

宝宝开始每天有规律地吃辅食后，每次的量是因人而异的，食欲好的宝宝会稍微吃得多一点。因此，喂食的量不用太固定，一般以每次 60~90 克为宜，不宜喂得过多或过少。

在比较难把握喂辅食的量时，可以用原味酸奶杯来计量。一般来说，原味酸奶杯的容量为 100 克，因此如果选 80 克的量时，只取原味酸奶杯的三分之二左右即可。

宝宝 TIPS

可以给第 7 个月的宝宝每天喂 2 次辅食，如果宝宝每次都不够且要求再吃，可以一天喂 3 次。次数增加后如果宝宝不习惯，可以再调回每天喂 2 次，这样慢慢地就可调整到适合宝宝的次数和量。

给宝宝做营养健康的辅食

为宝宝制作辅食时，首先要保证食品安全卫生，适合宝宝食用。此外，要讲究烹调方法，使食物色香味俱全。妈妈在制作辅食的过程中要遵从下面的要点，给宝宝做出一顿合格的营养美食。

干净	在为宝宝准备辅食时，要用到很多用具，如砧板、锅、铲、碗、勺等。这些用具最好能用清洁剂洗净，充分漂洗，并用沸水或消毒柜消毒后再用。此外，最好能为宝宝单独准备一套烹饪用具，以有效避免感染
选择新鲜优质的食材	最好挑选没有化学物质污染的绿色食品，尽可能新鲜，还要认真清洗干净
单独制作	宝宝的辅食一般都要求清淡、细烂，所以，要为宝宝另开小灶，不要让大人的过重口感影响到宝宝
采用合适的烹饪方式	为宝宝制作辅食最好采用蒸、煮等方式，并注意时间不要太长，以维持原料中尽可能多的营养素。辅食的软硬度应根据宝宝的咀嚼和吞咽能力来及时调整。食物的色、味也应根据宝宝的需要来调整，不要按照妈妈自己的喜好来决定
现做现吃	隔顿食物在味道和营养上都会大打折扣，还容易被细菌污染，所以不能让宝宝吃上顿剩下的食物，最好现做现吃。为了方便，可以在准备生的原料（如菜碎、肉末）的时候，一次性多准备些，再根据宝宝的食量，用保鲜膜分开包装后放入冰箱保存，但这样处理过的原料一定要尽快食用

宝宝TIPS

这个月可以用杯子代替奶瓶来给宝宝喂水、果汁，开始的时候可能宝宝会不习惯，会经常洒出来，所以最好每次喂宝宝的时候要系上小围嘴，这样可以防止弄脏宝宝的衣服。最好是选择有两边把手的杯子，方便宝宝的使用。

自制健康磨牙棒

很多妈妈去商场买现成的磨牙棒帮助宝宝缓解出牙引起的牙龈不适，其实，心灵手巧的妈妈完全可以在家用食物自制磨牙棒，这样不仅节省费用，而且材料新鲜，还有营养。

新鲜果蔬磨牙棒

将硬的蔬菜（如胡萝卜、黄瓜等）去皮，切成小条或各种各样的形状，让宝宝去啃去咬。妈妈可以拿它教宝宝认物，认颜色。

红薯干磨牙棒

将新鲜的红薯洗净，去皮，切成条状，蒸熟，晒至半干。这样的红薯棒很有韧劲，但又不坚硬，在宝宝长时间的啃咬和口水的浸润下，其表面会逐渐成为糊糊状，而且甜滋滋的，很有营养，妈妈也不用担心宝宝噎着。

红薯干味道甜美，具有益气生津的功效，是宝宝健康的磨牙食品。

营养
百分食谱

容易消化
吸收

饼干粥

材料 大米 15 克，婴儿专用饼干 2 片。

做法

1. 大米淘洗干净，放入清水中浸泡 1 小时。

2. 将锅置火上，放入大米和适量清水，大火煮沸，转小火熬煮成稀粥。

3. 用大火煮开后，再调小火充分熬煮。

4. 将饼干捣碎，放入粥中稍煮片刻即可。

宝宝护理全解说

睡醒后哭闹要轻轻拍打后背

宝宝已经开始害怕陌生人，这是宝宝智力发育的一种表现。在这个时期，宝宝会有半夜惊醒的情况发生，在以前的时候，宝宝半夜哭是因为饥饿或者是尿布潮湿的原因，现在哭泣也可能是因为找不到妈妈，出现了恐惧才哭的。也就是宝宝开始懂得了悲伤和不安。

当发现宝宝哭闹的时候，妈妈要轻轻地拍打宝宝的后背，轻声地安抚宝宝，化解宝宝不安的情绪。

帮助宝宝克服怕生

第 7 个月，一些宝宝开始怕生，对一些陌生的人或事物都会表现出恐惧。实际上，这是宝宝认知能力的一大进步，爸爸妈妈应帮助宝宝克服怕生。

让宝宝对客人熟悉后再与之接近

如果家里来了与宝宝不熟悉的客人，可把宝宝抱在怀里，让宝宝有观察和熟悉的时间，慢慢去掉恐惧心理。这样，宝宝就会高兴地和客人交往。如果宝宝出现又哭又闹的行为，应立即将宝宝抱到离客人远一点的地方，过一会儿再让宝宝接近客人。

给宝宝熟悉陌生环境的时间

宝宝除了惧怕生人，还会惧怕陌生的环境。这时，爸爸妈妈要注意，不要让宝宝独自一人处在陌生的环境里，要陪伴他，让他有一个适应和习惯的过程。

宝宝看到陌生人会躲到妈妈的怀里

多带宝宝接触外界

平时，爸爸妈妈要多带宝宝出去接触陌生人和各种各样的有趣事物，开拓宝宝的视野，还可带宝宝去别人家做客，特别是那些有与宝宝年龄相仿的小朋友的人家，让宝宝逐渐习惯于这种交往，克服怕生。

宝宝患了鹅口疮时的护理方法

病因及症状

鹅口疮俗称白口糊，是由白色念珠菌感染引起的一种真菌病。在黏膜表面形成白色斑膜的疾病，年龄越小越容易发病。主要由婴幼儿抵抗力低下（如营养不良、腹泻及长期使用广谱抗生素等）造成，也可能由被真菌污染的食具、手等传染造成。

发病时，宝宝口腔内壁充血和发红，有大量白雪样、针尖大小的柔软小斑点，不久即相互融合为白色或乳黄色斑块。斑块不易擦掉，若用干净的纱布擦拭会出血或出现潮红色的不出血的红色创面。

饮食调养

1. 宝宝因为疼痛不愿吃东西或不肯吸吮时，应耐心地用小勺慢慢喂其奶或其他食物，以保证营养摄入。

2. 大一点的宝宝应该给予高热量、高维生素、易消化而且温凉适中的流质或半流质食物，以免引起疼痛。同时应给患儿多喂水，以清洁口腔，防止感染。

如何预防

1. 注意饮食卫生，宝宝的奶瓶、奶嘴、碗勺要专用，每次用完后须用碱水清洗并蒸煮10~15分钟消毒。

2. 哺乳期的妈妈应注意清洗乳晕，并且要经常洗澡、换内衣、剪指甲，抱宝宝时要先洗手。

3. 宝宝的被褥要经常拆洗、晾晒，洗漱用具要尽量和大人的分开，并定期消毒。

4. 经常进行户外活动，提高抵抗力。

帮助宝宝学爬行

帮助宝宝协调四肢

在教宝宝学习爬行时，妈妈可以扶着宝宝的双手，爸爸扶着宝宝的双脚，妈妈拉左手的时候爸爸推右脚，妈妈拉右手的时候爸爸推左脚，让宝宝的四肢被动地协调起来。这样教一段时间，等宝宝的四肢协调好后，就可以用手和膝盖协调地爬行了。

让爬行中的宝宝腹部着地

在练习爬行的过程中，开始可以让宝宝的腹部着地，这不仅能训练宝宝爬行，还能训练宝宝的触觉。触觉不好的宝宝容易怕生、黏人。一旦宝宝能将腹部离开床面靠手和膝盖来爬行时，就可以在他前方

通过锻炼，宝宝就会学会腹部贴地，匍匐前进

放一只滚动的皮球，让他朝着皮球慢慢地爬去，逐渐地他会爬得很快。

婴语小词典

喜欢安抚奶嘴

宝宝自述：最近，我特别喜欢妈妈给我买的奶嘴，时时刻刻都放在嘴里。离开了它，我就觉得不自在，就开始吸吮自己的拇指来代替。

婴语解析：大约在6个月大小的时候，宝宝模糊地认识到自己是个独立的人，逐渐表露出自己的本能，坚持与父母的身体保持轻微的距离。但是，仍然会有感到疲乏或不快乐的时候，会渴望回到婴儿期，重温在妈妈怀中吃奶的那种安全幸福。于是，就利用安抚物来追回早期的安全感，既能获得快乐，又不放弃独立。

育儿专家怎么说：妈妈要注意的是，应该给宝宝勤洗手，安抚奶嘴应每天都消毒。此外，每天抽出一点时间，来跟宝宝有充分的接触，也是对宝宝的精神安抚。

不同季节的护理

春季：预防疾病很重要

6个月以后的婴儿，从妈妈那里获得的免疫物质已经开始慢慢地减少了，这个时候自身的抵抗力也还没有形成，对于细菌、病毒的侵害自然是无力招架。相比母乳喂养的宝宝，人工喂养的宝宝抵抗力就会更弱一些。

春季气温多变，忽冷忽热的气候连大人都有可能会适应不了。在冬天的时候宝宝几乎都不会到外面去活动，等到了春天忽然到了户外，呼吸道一时无法适应，很有可能会出现呼吸道疾病。所以这个时间段一定要保护好宝宝不让宝宝生病。

秋季：咳嗽不要着急治疗

这个季节是宝宝最少生病的季节，随着天气的渐渐转凉，宝宝的食欲也会渐渐增加，但是妈妈也要控制宝宝的食量，不要造成宝宝出现积食的情况。

天气凉了之后，宝宝的嗓子就会有呼噜呼噜的声音，还会有咳嗽的情况，很多的妈妈觉得是宝宝感冒了或是气管发炎了，就会赶紧给宝宝治病吃药，结果宝宝的症状一点好转都没有。其实这不是感冒或者是气管炎，是因为天气凉了导致宝宝的气管分泌物增多，经常带宝宝去户外进行耐寒锻炼，可以减轻这样的情况。

夏季：防蚊防虫护肠道

夏天蚊虫很多，宝宝娇嫩的肌肤更容易被叮咬。蚊虫叮咬是传播乙脑病毒的一种途径，要是没有赶上接种乙脑疫苗，就要注意防护。

夏季宝宝食欲也受到了影响，这个时候宝宝不喜欢吃奶，也不喜欢吃辅食，这个时候妈妈就不要一直强迫宝宝吃东西，防止出现积食、腹泻的情况。过冷的食物不要给宝宝，宝宝这个时候的消化功能还很弱，过冷的食物会造成胃内血管的收缩，胃黏膜缺血，影响宝宝的消化吸收功能。家长可以给宝宝喝常温的酸奶当作冷饮，有益于消化也不伤肠胃。

冬季：防止呼吸道感染

冬季是感冒的高发时节，很多的婴幼儿都会在这个季节中出现感冒的情况，要想预防感冒，总是闷在屋子当中不是办法，要保持室内空气的新鲜，室内温度也不宜过高。最好是能够经常通通风，换换气。

家里有人有感冒的症状，就要注意要远离宝宝。很多宝宝的感冒都是被父母传染上的。所以要是家人出现了感冒的症状，最好是能够和宝宝隔离。接触宝宝的时候清洗双手，戴上口罩。

益智游戏小课堂

丁零零，电话来了 | 语言能力

目的： 调动宝宝说话的热情。

准备： 玩具电话。

妈妈教你玩：

1. 让宝宝靠坐在床上，妈妈坐在对面。妈妈扮演两个角色，演示妈妈和宝宝的对话。
2. 妈妈拿起玩具电话，对着电话说："喂，宝宝在家吗？"然后帮助宝宝拿起电话，说："丁零零，来电话了，宝宝来接电话了！"
3. 妈妈在"电话"中要尽量用宝宝理解和认识的生活常用词，如"饿了""高兴""漂亮"等。

爱心提醒

　　妈妈用打电话的形式能调动宝宝对语言的兴趣，帮助宝宝认识一种与人交流的新形式，提升其人际交往的能力。

认识 "1" | 理解能力

目的： 建立宝宝对数的概念。

准备： 水果、饼干、糖果。

妈妈教你玩：

1. 准备水果、饼干、糖果若干，字卡 "1"。
2. 妈妈拿出 1 块饼干或糖果，竖起食指告诉宝宝："这是 1。"
3. 让宝宝模仿这个动作，再把食物给宝宝，并再次竖起食指表示 "1"。
4. 同时，出示字卡，让宝宝认识 "1"。

爱心提醒

妈妈在教宝宝认识数字的时候，如果宝宝一时无法回答，妈妈要及时给予提醒，避免打击宝宝学习的兴趣。

专题

从舌头看健康

　　宝宝的小舌头就像是宝宝身体的晴雨表，有一些疾病会通过舌头的情况表现出来。爸爸妈妈可以观察宝宝的小舌头，做出初步的判断，来作为就医的参考。接下来我们来看看中医和西医对于舌头和疾病都有什么样的说法。

中医课堂

舌头是反映身体的一面镜子

　　中医讲究望闻问切，望就是观察病人的外观气色，和脸、眼睛、嘴一样，舌头也能够反映出身体一些部分的健康状况。中医当中，有一种诊断方法就是舌诊，这是因为舌和五脏六腑有着密切的关系，很多的脏腑经络都和舌头有直接或者间接的关系，舌表面的舌苔是由胃气熏蒸形成的，所以就能够反映出消化系统的一些情况。

中医上宝宝常见的舌头异常状况

　　舌头的异常要和脸色、眼睛和身体的其他症状综合起来才能够做出准确的判断，下面介绍的一些舌头的状况，爸爸妈妈可以作为一种参考，一旦要是发现了，就要及时带宝宝去看医生。

腹胀舌

舌头状况：舌苔是黄色的，舌头发红

　　腹胀舌的表现有腹胀、大便稀臭、小便发黄，妈妈要注意是不是黄疸的症状。

地图舌

舌头状况：舌苔成剥落样，就像是地图一样，边缘会有凸起，位置不固定

这与宝宝的胃部和脾脏有很大的关系，地图舌会影响到宝宝的食欲和生长发育，妈妈如果发现宝宝每次吃饭之后都会有类似打嗝一样的吐气，这个时候就要注意是不是胃部和脾脏出了问题。

地图舌的宝宝会有胃口差、偏食、厌食、腹胀等情况，这种情况下的宝宝也会容易出现感冒、发烧、咳嗽等症状。

消化不良舌

舌头状况：舌头的颜色比较淡，而且还有白而厚腻的舌苔

这有可能是消化不良造成的，也有可能是腹泻。因为当人体的胃肠道水分较多或者是温度变低时，舌头就有可能会是这样的情况。

造成消化不良的原因有很多，饮食无节制、生冷食品吃得太多、肚子着凉或者是长时间吹空调，这个时候可以吃一些温热食物来去去肠胃寒湿气。

霉酱舌

舌头状况：舌苔又厚又腻，就像是发霉的酱一样

舌苔看起来很脏，颜色不一定，形成的原因是食物在胃肠道中堆积太久，会出现便秘、腹胀等消化问题。

溃疡舌

舌头状况：舌头的表面有破损，一触碰就会痛，破损的周围是红色

常见的就是上火的原因造成的，比比如说是心火上炎或者是食用了容易上火的食物没有做好口腔清洁。在发生溃疡之后避免触碰伤口，可以吃一些温热去火的食物，比如说是莲子银耳汤。

西医课堂

健康的舌头什么样

　　人体的舌头具有丰富的血液供应，舌头的黏膜在正常的情况下也是一种半透明的状态，身体一旦哪里出现了气血不足，阴阳失衡的变化，就会很快在舌头上表现出来。

　　在正常的情况下，成人舌的颜色是淡红色的，舌苔是白色的，颗粒均匀，不黏腻，是很均匀地附着在舌头的表面。和成人的不同，婴儿的舌头颜色是红色的，有的婴儿也可能没有舌苔，而因为喝奶的原因，有的婴儿会出现乳白苔。

西医上宝宝常见的舌头异常状况

　　在西医当中，有很多的疾病会导致舌头异常，家长可以通过下面的介绍做一些诊断的参考。

鹅口疮

舌头状况：舌头上有白色的斑点

　　婴幼儿很容易出鹅口疮，这是由一种长期存在于人类口腔中的真菌——念珠菌引起的，尤其是在6个月大之前的宝宝，因为抵抗力不是很强，很容易受到真菌的感染。

　　这里要注意的是，6个月之前的宝宝是以母乳和配方奶为主，在舌头上会形成一层白白的奶垢，症状上就像是得了鹅口疮，这是需要妈妈仔细分辨的。

　　宝宝出现鹅口疮之后，只要是症状轻微就没有必要担心，过一阵子就会自行消失的。要是发病的范围在扩大而且已经影响到了宝宝的食欲，那就需要赶紧带着宝宝去治疗了。

　　判断宝宝是不是鹅口疮，可以在宝宝吃完奶后，用沾湿的棉花棒轻轻擦拭宝宝的舌头，如果擦得掉那就是奶垢，如果擦不掉，可能就是鹅口疮了。

川崎氏症

舌头状况：舌头上有像草莓表面那样的凸起的红色小点点，称之为"草莓舌"，并伴有口唇潮红、皲裂

这是一种原因不明的疾病，宝宝会出现高烧、嘴唇出血、眼睛发红、身上出现红疹、颈部淋巴结肿大等。

要是宝宝出现了上面的情况后，就要及时到医院去确诊，这个病会给心脏的健康造成影响，所以要给一直给宝宝做心脏 B 超检查。

感冒

舌头状况：口腔黏膜受损、舌头出现溃疡

每个人的感冒的症状是不一样的，有的宝宝在感冒之后会出现舌头溃疡，这个时候妈妈就要注意多给宝宝吃凉的流质食物，也要多补充维生素 C 与 B 族维生素。

疱疹性口腔炎

舌头症状：舌头上和嘴唇上会有小疱疹

这也是一种会传染的疾病，主要是通过飞沫传染的，除了形成小疱疹，宝宝还会流口水，齿龈还有可能会流血，口腔中会有多处溃疡。

妈妈要尽量多给宝宝维生素 C 与 B 族维生素，要是宝宝症状严重，无法进食，就要到住院进行治疗。

猩红热

舌头状况：出现草莓舌

发病的原因是 A 型溶血性链球菌感染，这是一种传染病，会通过飞沫和呼吸道进行传染。症状和川崎氏症有些相似，也有高烧、红疹、皮肤脱屑、扁桃腺红肿等症状，会危害到宝宝的心脏和肾脏，所以宝宝出现的这些症状后要到医院进行确诊，同时也要避免传染给其他的婴幼儿。

第 29~32 周（8个月宝宝）

可以匍匐前进了

现在我不仅仅可以稳稳地坐着，我还学会了新的本领——爬，我急切想要展现自己的新本领，可是那个小小的婴儿床实在是太小了，好希望妈妈给我一张大大的床，这样我就可以施展我的手脚啦。

妈妈育儿备忘录

1. 辅食添加要多样化，并逐渐增加饮食，防止宝宝消化不良。
2. 进餐时，让宝宝坐在固定的餐位，并使用固定的餐具。
3. 宝宝发烧时，要多给宝宝喝水，少吃高蛋白食品。
4. 给宝宝添加能用舌头碾碎的食物。
5. 可以给宝宝适当吃点零食。
6. 训练宝宝爬行及站立，但注意不要让宝宝站立太久，以防影响宝宝肢体协调能力的健康发展。
7. 要丰富宝宝的语言能力，通过游戏练习宝宝对语言的理解能力，并且创造一些稍微复杂的游戏，引导宝宝思考。
8. 注意培养宝宝的排便卫生习惯。
9. 晚上宝宝睡觉时，尽量不开灯。
10. 夏季要保持室内空气凉爽、新鲜，预防宝宝食物中毒。
11. 鼓励宝宝发音，提高其对语言的理解能力。
12. 培养宝宝的阅读能力。
13. 陪着宝宝玩捉迷藏的游戏。
14. 在宝宝活动之处，收拾好有毒物品、电源开关、锐利物品、药品等，防止意外发生。

宝宝成长小档案

	男宝宝	女宝宝
体重	6.4~10.3 千克	5.9~9.6 千克
身高	64.1~74.8 厘米	62.2~72.9 厘米
生理发展	坐得更稳，有的宝宝坐着的时候已经可以左右转身了 会用小手将玩具捏响，会摁按钮	
心智发展	会用动作表示欢迎及再见 能将语言和物品联系在一起，认知能力发展很快	
感官与反射	对远距离的事物更感兴趣，会拿着一样东西反复看	
社会发展	喜欢和同龄的宝宝接触	
预防接种	麻风疫苗：出生后第 8 个月第 1 次接种	

宝宝发生的变化

会爬了

这个时期，宝宝的手臂和后背的肌肉迅速发育，爬行的动作已经相当熟练。先是匍匐着用腹部爬行，接着抬起腹部，使用膝盖爬行，到了能够独自站立的阶段，就能竖起膝盖爬行了。

手的活动更加频繁

能把一只手拿着的玩具换到另一只手，还能捡起掉落在地上的东西。为了抓住旁边的东西，能做出屈伸手指的动作。能抓住奶瓶自己含着奶嘴吸吮。

有模仿能力

如果每天都重复同样的动作，那么宝宝就能预想第二天也会发生同样的事情。一般情况下，宝宝都能顺利地学会握握拳、指指脸等游戏。具有模仿能力，这意味着宝宝已经做好了了解外部世界的准备。

宝宝可以自由地爬了，现在对于宝宝来说，家中任何一件小东西都是有趣的玩具

宝宝的营养中心

继续添加辅食

除了上个月添加的辅食，本月还可以增加肉末、豆腐、面条以及各种菜泥、菜碎等。只是需要注意每天增加的新的辅食种类不要超过两种，给宝宝一个逐渐习惯的过程。面包片、磨牙棒、小饼干这些固体食物也可以给宝宝吃，即使没有牙，宝宝也会用牙床嚼，妈妈不用担心。

不断更换食物种类

也许你会发现之前爱吃鸡蛋的宝宝，现在开始拒绝吃它了，这也是正常，如果换作是你一直吃一样东西也会厌倦。现在宝宝可以吃的食物种类更多了，完全可以用肉类替换蛋类。即使是吃鸡蛋，也要经常换个花样，不要总是吃鸡蛋羹、煮鸡蛋。

适量增加半固体食物

宝宝进入了旺盛的牙齿生长期，这时候可以逐渐增加一些半固体食物，而不是一味地将食物剁碎、研磨。这样，不但能锻炼宝宝的咀嚼能力，还可以帮助他在吃

宝宝的饮食种类要多样化，这样可以保证给宝宝补充更多的营养

饭的同时进行磨牙动作，促进牙齿发育。而且宝宝进行咀嚼运动可以增加流向大脑的血液量，促进大脑发育。

及时补充维生素 D

第 8 个月是宝宝长牙和骨骼发育的关键期，应该注意维生素 D 的补充。

缺乏维生素 D 的表现

缺乏维生素 D 容易出现小儿佝偻病，如鸡胸、O 型腿、X 型腿等；宝宝还会爱哭闹，易怒，睡眠不好，多汗；宝宝会出现颅骨软化，用手指按压枕骨或顶骨中央会内陷，松手后即弹回；缺乏维生素 D 的宝宝头颅容易呈方形。

宝宝缺乏维生素 D，可造成出生后10 个月甚至 1 岁才开始长牙，且牙质不坚固，容易患龋齿。缺乏维生素 D 的宝宝还容易患近视。

维生素 D 的食物来源

鱼肝油是维生素 D 最丰富的来源，乳制品中维生素 D 的含量较少，谷类和蔬菜中不含维生素 D。

含有维生素 D 的食物有牛肝、猪肝、鸡肝、金枪鱼、鲱鱼、鲑鱼、沙丁鱼、蛋、奶油等。

食物中的维生素 D 很少，晒太阳，皮肤合成的维生素 D 是主要的来源。

每天至少喂 3 次母乳

在第 8 个月，宝宝每天最少吃 3 次母乳，时间可安排在早晨起床后、中午或下午加餐及晚上睡觉前。但必须保证让宝宝从辅食中获取至少三分之二的营养，其余三分之一的营养从母乳或配方奶中补充。这个月宝宝一天可以添加 3 次辅食。每天的辅食应包括谷物、蔬菜、水果、蛋、豆、鱼、肉等。

合理安排好配方奶和辅食

如果宝宝一次能喝 150~180 毫升的配方奶，就应该在早、中、晚让宝宝喝 3 次。然后在上午和下午各加 1 次辅食，再临时调配两次点心、果汁等。

如果宝宝一次只能喝 80~100 毫升的配方奶，那么一天要喝 5~6 次，才能给宝宝补充足够的蛋白质和脂肪。

喂养的方法可以根据宝宝吃奶和辅食的情况调整。两次喂奶间隔和两次辅食间隔都不要短于 3 小时，奶与辅食间隔不要短于 2 小时，点心、水果与奶或辅食间隔不要短于 1 小时。喂食顺序应该是奶、辅

这个时候的宝宝开始喜欢自己拿着东西吃了

食在前，点心、水果在后，就是说吃奶或辅食 1 小时之后才可以吃水果和点心。

开始一天喂一次零食了

到第 8 个月，宝宝逐渐学会爬行，活动量会增加很多，因此应增加辅食来补充热量的需求。但要一次消化大量的食物，对宝宝来说是个负担，增加次数才是正确方法。

因此，这一时期除辅食外，还应一天喂 1~2 次零食来补充热量和营养。煮熟或蒸熟的天然材料是宝宝的最佳零食。饼干或饮料之类的食物热量和含糖量过高，不宜过多食用。

饭和菜、肉、蛋要分开

宝宝 7~8 个月后，就可以把谷物和肉、蛋、蔬菜分开喂了，这样能让宝宝品尝出不同食品的味道，增加吃饭的乐趣，促进食欲，也能为以后专注吃饭打下基础。

让宝宝吃肉来补充铁质

宝宝到 6 个月时，已经基本耗尽了从母体中得到的铁质，因此，最好通过从外界摄取来补充体内的铁质，肉类就是不错的铁质来源。

比较适合补铁的肉类有低脂肪且不容易引起过敏的牛肉和鸡胸肉。肉汤对补铁的帮助并不是很大，最好将瘦肉捣碎后放到粥中给宝宝喂食。

营养
百分食谱

消暑解热

水果杏仁豆腐羹

材料 西瓜、香瓜各 40 克，水蜜桃 35 克，杏仁豆腐 50 克。

做法

1. 将西瓜、香瓜分别去皮、去籽、切丁；水蜜桃洗净、切丁。
2. 将杏仁豆腐切块。
3. 碗中加入适量开水，加入少许白糖调味，凉后加入西瓜丁、香瓜丁、水蜜桃丁和
   杏仁豆腐丁即可。

宝宝护理全解说

避免宝宝总咬乳头

现在是宝宝长牙的高峰期，很多宝宝会把妈妈的乳头当作天然"牙胶"，喜欢在吃完奶后咬乳头。娇嫩的乳头被宝宝的小牙咬住是非常疼的，如果不能改掉宝宝咬乳头的习惯，很有可能会导致乳头皲裂甚至乳腺炎。

妈妈要记住一点，吃奶吃得很香的宝宝是不会咬乳头的。一般宝宝咬乳头时都是已经吃饱之后。所以妈妈们要注意观察，如果宝宝的吞咽动作放缓，开始吃着玩时，要及时将乳头拔出来，避免被咬。

如果宝宝咬住了乳头，妈妈最好不要大声喊叫，而是将手指头放在乳头和宝宝牙床之间，撤出乳头，然后很坚决地告诉宝宝："不要咬妈妈！"让宝宝知道咬乳头是不对的。

还可以在感觉到宝宝咬乳头时，将宝宝的头轻轻压向你的胸口，堵住他的鼻子。这样宝宝就会为了更顺畅地呼吸而主动松开嘴。反复几次之后，就能改掉宝宝咬乳头的习惯，因为他已经知道咬乳头也会让自己不舒服。

宝宝TIPS

宝宝长牙高峰期，妈咪要提前为宝宝准备一些磨牙的工具，这样可以避免宝宝咬乳头。

怎样对付顽固的便秘

有些宝宝这一时期会出现便秘的情况。判断是否便秘，不能依照大便间隔时间长短判断，要根据大便的软硬程度。如果大便过硬，或成小粒状，就是便秘了。由于大便过硬，宝宝在大便时往往觉得疼，所以会让宝宝害怕排便，即使有便意也不愿意排便，从而导致便秘更加严重，甚至形成顽固性便秘。

要想避免这样的情况发生，就要让便秘的宝宝要多喝温水。可以选择添加香蕉泥、红薯泥、胡萝卜泥等辅食，用梨汁、苹果汁、西瓜汁、蔬菜汁代替橘汁、橙汁。妈妈顺时针按摩宝宝的小肚子也有助于促进排便，要持续按摩3分钟。还要养成固定给宝宝把便的习惯。

宝宝TIPS

只有熟透了的香蕉能够缓解便秘，生的香蕉反而会加重便秘。所以妈妈们要选对香蕉，才能缓解宝宝便秘症状。

多吃蔬菜水果，可以帮助宝宝缓解便秘

科学对待幼儿急疹

出生后到现在从没发过烧的宝宝，突然出现高烧（38~39℃），但没有流鼻涕、打喷嚏等感冒症状时，首先要考虑是不是幼儿急疹。半数以上的宝宝在出生后 6 个月至 1 岁半期间会出现幼儿急疹，而 6~8 个月期间尤其多。幼儿急疹最显著的特点是持续发热 3~4 天，然后宝宝的胸部、背部会出现像被蚊子叮了似的小红疹子，疹子出来了烧就退了。

出现症状莫惊慌

幼儿急疹不需要做特别的护理，因为不会引发并发症，疹子出了之后自己就好了。但是要做到这一点确实不容易，很多家长见到宝宝发烧就特别着急，非要带着宝宝去医院做各项检查，又是吃药又是输液，大人宝宝一起遭罪。

仔细观察宝宝的状态

宝宝发烧时，家长要做到心里有数。如果是幼儿急疹，在发热的这几天，不管是吃退烧药还是别的办法，都只是暂时性的退烧，很快还会烧起来。在发热期间宝宝精神状态虽然不如以往，但看起来并不像得了什么大病。有想玩玩具的意愿，哄逗时还会露出笑脸。喝奶量虽不如平时，但也不是一点儿喝不进去。

如果符合上述情况，建议爸爸妈妈可以先为宝宝做物理降温，用温水擦拭宝宝的额头、腋下、腹股沟等地方，同时要多给宝宝喝温水，如不能将体温控制在 38.5℃以下，则应该服用退热药避免出现高热惊厥。

给宝宝擦拭口水的手帕，一定要选择质地柔软、刺激性小的棉质手帕，擦拭过程中动作也要轻柔，保护宝宝娇嫩的皮肤

宝宝一直流口水巧应对

宝宝流口水的原因

小儿流涎，也就是我们常说的流口水，大多属于正常的生理现象。新生儿由于中枢神经系统和唾液腺的功能尚未发育成熟，因此唾液很少。宝宝 3 个月时唾液分泌渐增，会开始流涎。至 6~7 个月时，宝宝乳牙萌出，流涎的现象更为明显。随着宝宝的发育，生理性流涎会自然消失。但唾液分泌功能亢进、脾胃功能失调、吞咽障碍、脑膜炎后遗症等所引起的病理性流涎需要引起妈妈的重视，要尽早排除。

应对流口水的方法

1. 宝宝口水流得较多时，妈妈要注意护理好宝宝口腔周围的皮肤，用柔软的手帕或餐巾纸一点点蘸去流在嘴巴外面的口水，让口周保持干燥。每天至少用清水清洗两遍，让宝宝的脸部、颈部保持干爽，再涂上一些婴儿护肤油，避免患上湿疹。

2. 不要用粗糙的手帕在宝宝嘴边擦来擦去，如果皮肤已经出疹子或糜烂，最好去医院诊治。

3. 平时不要捏宝宝的脸颊，否则容易造成宝宝流涎；不要让宝宝吸吮手指、橡皮奶嘴等，以减少对口腔的刺激，避免唾液量的增加。

婴语小词典

黏妈妈

宝宝自述：我最喜欢妈妈了，希望一直陪在我身边。可是妈妈却要我和奶奶睡，妈妈是不是不要我了？

婴语解析：在宝宝出生的头一年，大部分宝宝会对妈妈产生依恋，也有一些宝宝会依恋自己的奶奶或者姥姥。良好的依恋关系对宝宝的情绪健康、社会交往和认知能力都有很好的促进作用。

育儿专家怎么说：妈妈要对宝宝发出的各种信号敏感，及时满足宝宝的要求，让宝宝得到舒适、安全、温暖的照料。如果妈妈不能及时对宝宝的要求做出回应，会让宝宝误认为妈妈不喜欢自己，容易使宝宝缺乏安全感，性格也有可能会变得腼腆。

不同季节的护理

春季：预防疾病是重点

宝宝6个月以后，从妈妈那里获得的抵抗力在一点点地消失，以后就需要宝宝自己形成抵抗力来对抗外界的细菌、病毒，春天是万物复苏的季节，病菌也会开始活跃起来，宝宝不完善的抵抗力很容易受到攻击，染上疾病。这个季节常见的疾病有婴幼儿急疹、风疹、无名病毒疹等。宝宝出现了疾病的症状之后，妈妈要赶紧采取措施。

夏季：防止蚊虫叮咬

宝宝这个时候要是还没有接种乙脑疫苗，那么爸爸妈妈要尤其注意。夏季蚊虫很多，蚊子叮咬是传播乙脑病毒的一种途径，所以防止叮咬很重要。

夏天爸爸妈妈喜欢带宝宝到户外活动，户外的蚊虫要比家里更多，所以一定要做好防护措施，不要带宝宝到草多树多的地方，在家里，给宝宝的床上支起蚊帐，最好是在5~6月份的时候就做好准备，这样可以及早地排除隐患。

秋季：防止痰鸣

痰鸣就是在呼吸的时候，宝宝的嗓子里会发出呼噜呼噜的声音，越是到了秋末天凉的时候宝宝痰鸣就越厉害。如果宝宝没有发热流鼻涕的感冒症状，吃饭睡觉都没有影响，那么就不用着急去医院。

痰鸣出现可能是宝宝的体质的问题，可能是因为支气管哮喘，要是前者造成的，吃药不能够解决根本问题，最好是带宝宝多到户外活动，增强抗寒能力，要是因为疾病造成的，那就要仔细诊断之后给宝宝服用药物。

冬季：户外活动不能断

很多的爸爸妈妈非常心疼自己的宝宝，在寒冷的冬天不舍得让宝宝出去挨冻。其实这样对于宝宝的身体健康是不利的。最好是能够每天带宝宝出去活动活动，哪怕就是活动几分钟，多呼吸呼吸新鲜的空气，让宝宝多锻炼抗寒能力。

益智游戏小课堂

盒子里寻宝 | 精细动作能力

目的：帮助宝宝学习用手指捏盒子、捏玩具、握住玩具等动作。

准备：盒子、小玩具。

妈妈教你玩：

1. 准备一些小玩具放在一个抽屉样的硬纸盒里。
2. 在宝宝的注视下，妈妈打开盒子拿出一件玩具。
3. 妈妈演示几次后，将盒子给宝宝，让宝宝试着打开盒子找玩具。
4. 妈妈先在旁边指导，训练几次后就让宝宝自己打开盒子找玩具。
5. 宝宝如果一时找不到玩具，妈妈要帮助宝宝完成任务，如走到玩具旁做寻找状。

爱心提醒

妈妈给宝宝的盒子不要太大，而且要容易打开。当宝宝找到玩具时，应及时鼓掌加以激励。

滚球 | 精细动作能力

目的： 锻炼宝宝的精细动作能力。

准备： 一个小球或者可以滚的球形物体。

妈妈教你玩：

妈妈和宝宝面对面坐着。妈妈把球滚给宝宝，然后拉着宝宝的手，告诉他怎样把球滚给妈妈。多尝试几次，只要多加鼓励，宝宝很快就会学会将球滚回来。

爱心提醒

如果宝宝会主动拿起球扔出去，就说明宝宝很喜欢这个游戏，妈妈可以多和宝宝玩几次。

专题
解析宝宝睡觉时的声音

毋庸置疑，妈妈对宝宝的关注是 360 度全方位的，即使是宝宝睡觉的时候，妈妈也会全心全意地守护着宝宝！实际上，宝宝也在用自己的方式提醒妈妈，不信？快来听听宝宝睡觉时发出的声音吧，你可能会有意外的发现呦！

宝宝发出"吭哧、吭哧"的呼吸声，预示宝宝可能要发热

症状解析	应对措施
宝宝发热时，一般体温每升高 1℃，基础代谢率会增加 13%，心跳加快 15 次 / 分，导致呼吸频率也随之增快。再有，宝宝晚上睡觉大多盖着被子，这样不利于身体散热，所以，一旦宝宝夜间睡觉时，发出"吭哧、吭哧"的呼吸声，就要及时测量宝宝的体温	1. 不要用手触摸判断宝宝的体温，应该用温度计测量宝宝的体温。 2. 如果宝宝不足 6 月或者体温低于 38.5℃，可以采用物理降温的方式退热。 3. 如果宝宝超过 6 个月，且体温已超过 38.5℃，就应该立即服用退热药。 4. 发热时要减少宝宝身上的被子，可以进行温水擦浴，多喝一些白开水等，可预防因高热导致的抽搐。

宝宝发出"哼哼"的吐泡泡声，预示宝宝可能要抽搐

症状解析	应对措施
抽搐大多是一种全身痉挛的表现形式。此时，宝宝出现神志不清、面色苍白、口周发青、头往后仰，双眼紧闭或者上翻，双手握拳、四肢伸直或者弯曲，全身表现有节奏的抽动，严重的话，宝宝还会伴有尿便失禁的情况。所以宝宝会发出"哼哼"的吐泡泡声	1. 当宝宝出现抽搐的情况时，应立即将其身体侧卧，头部也一起转过去 2. 不要让宝宝的牙齿咬破舌头，也不要因为唾液回咽造成宝宝窒息，一定要保证呼吸的通畅 3. 不可强制搬动宝宝的身体，避免发生肢体脱臼、骨折等意外伤害 4. 妈妈可以按压宝宝的人中穴，阻止抽搐，按揉合谷穴缓解眼歪口斜。拨打 120 急救电话，去医院就诊

宝宝发出"空空"的咳嗽声，吸气时发出"吼吼"的喉鸣声，可能预示宝宝得了急性喉炎

症状解析

6个月以后直到3岁左右的宝宝容易得急性喉炎，宝宝可能会出现发热、声音嘶哑等情况。不过最麻烦的是喉哽塞，因为宝宝经常在夜晚症状会加重，可能会出现呼吸困难、烦躁不安等情况，严重时还会出现呼吸衰竭、昏迷

应对措施

1. 宝宝一旦出现喉炎，妈妈应及时带宝宝到医院就诊，尽量让宝宝保持安静休息状态
2. 要让宝宝远离可能加重喉哽塞症状的不良诱因，如哭闹、喊叫等
3. 避免宝宝喝凉水、冷饮、甜品和辛辣刺激性食物
4. 宝宝恢复期要仔细照料，避免再次感染

宝宝发出"咯吱咯吱"的磨牙声，预示宝宝得了肠蛔虫症

症状解析

这是一种宝宝最常见的寄生虫病，常伴有为恶心、呕吐、腹痛等，会影响宝宝的食欲和肠道功能，进而导致宝宝发育迟缓。有的宝宝可能出现偏食，有的宝宝则会表现为兴奋不安、头痛或精神萎靡

应对措施

1. 保持居家环境整洁，尤其是厕所必须清洁
2. 妈妈要让宝宝养成勤洗手、勤剪指甲、不吃手、不随地大小便的好习惯
3. 在出现腹痛时不能驱虫，避免蛔虫受惊乱钻，引发胆道蛔虫症
4. 可以吃些偏酸的食物，促使蛔虫安静下来
5. 大一点的宝宝不必急于治疗，一般在一年之内可自然排出

宝宝TIPS

1. 培养宝宝规律的作息时间，避免昼夜颠倒。

2. 掌握好宝宝的喂奶量，计算好喂奶时间，进而保证夜间安睡。

3. 避免宝宝睡前进食过多，增加肠胃负担，影响睡眠质量。

4. 睡前给宝宝洗个温水澡，然后进行全身抚摸。

第 33~36 周（9个月宝宝）

有了自己的小脾气

现在的我可以在房间里面爬来爬去了，我最喜欢的活动就是房间探险，妈妈害怕我有危险，总是要寸步不离地跟着我，不过有的时候我不喜欢妈妈总是管这管那，不喜欢吃的东西我会按着小手告诉妈妈，我不想吃。

妈妈育儿备忘录

1. 多给宝宝吃富含铁的食物，避免宝宝患缺铁性贫血。

2. 给宝宝穿方便活动的衣服。

3. 利用一切合适的机会发展宝宝听懂语言的能力，如可以让宝宝看电视，也可通过儿歌来让宝宝边听边模仿，促进宝宝语言、逻辑思维以及听力等多方面的发育。

4. 多带宝宝进行户外活动，培养宝宝欣赏大自然的兴趣。

5. 让宝宝充分爬行，促进感觉综合能力协调发展。

6. 对宝宝的语言、动作发展予以表扬。

7. 训练宝宝的生活自理能力。

8. 训练宝宝拇指与食指对捏的动作。

9. 训练宝宝用杯子喝水。

10. 训练宝宝爬行和站立,如扶栏站立、扶走,促进感觉统一协调发展。

11. 定期检查宝宝的童车等用品的安全，注意宝宝的安全和卫生。

宝宝成长小档案

	男宝宝	女宝宝
体重	6.9~10.8 千克	6.3~10.1 千克
身高	65.7~76.3 厘米	63.7~74.5 厘米
生理发展	会用拇指和食指捏小物体	
心智发展	能够准确找到被盖住的玩具 能够知道别人在谈论自己，懂得害羞	
感官与反射	喜欢看会动的物体，也喜欢看画面变换很快的广告	
社会发展	能够用自己的方式和别人交流	
预防接种	A 群流脑疫苗：出生后第 9 个月接种第 2 次	

宝宝发生的变化

能听懂简单的语言

宝宝可以根据人的表情，区分"好坏"，而且能听懂简单的语言。宝宝理解语言的速度相当快，还喜欢模仿父母的动作，比如父母说"拜拜"或"再见"并挥手，宝宝很快就能模仿。

能够用手指捏起小物品和主动放下

宝宝手指的灵活程度增加了，能用手指捏起小球和线头，并能有意识地放下，还能将小物体放到大盒子中，然后再取出来。

抓住东西能站立起来

发育较快的宝宝，出生后 7~8 个月就会试图抓住东西站起身来。到了 8~9 个月的时候，就能抓住妈妈的手站起来，甚至还能移动几步。

宝宝现在的视野比以前开阔了，对于周围事物的认知能力也在逐渐地增强

宝宝的营养中心

宝宝开始挑食了

宝宝的味觉也在不断地发育，所以宝宝不喜欢吃蔬菜可能只是妈妈做的菜不合宝宝的胃口，最简单的办法就是让宝宝直接吃大人的炒菜。

宝宝不喜欢吃鸡蛋，很大的原因是之前一直吃鸡蛋羹、煮鸡蛋，已经吃腻了，可以考虑用香香的肉汤来做鸡蛋羹，或者将鸡蛋炒着吃，变换鸡蛋的味道。

更喜欢有嚼头的食物

宝宝现在已经具备了一定的咀嚼能力，因此在添加辅食的时候，不要总是把食物做得软烂。像馒头、饼之类的食物，

只要宝宝喜欢吃，就可以给宝宝吃。苹果这类的水果，可以切成薄片让宝宝自己拿着吃；香蕉、番茄等可以去掉皮后让宝宝直接吃了。不过肉类的食物还是要做成肉末或者肉馅那样吃。

食量小不等于营养不良

建议宝宝每天要吃两顿辅食，每次吃100克左右，而且要保证每天最少喝500毫升的奶，此外还可以根据宝宝的需要添加水果、小饼干等。

每个宝宝的食量都不一样，有的宝宝食量比较小，可能每次只吃一点辅食，奶量也不大，很多家长因此担心宝宝会营养不良。如果宝宝各方面都发育正常，而且精力十足，那就是正常的。

辅食要多种多样

宝宝现在可以吃的辅食种类更多了，主食可以有粥、面条、饺子、馄饨，有的宝宝也喜欢吃米饭、馒头等固体食物，只要宝宝喜欢吃，就没问题，注意把米饭做得软一点就行。副食可以吃菜、鱼、蛋、肉等，肉类还是要做得细腻点，最好还是做成肉末。除了一天两次辅食之外，还可以根据宝宝的需求添加水果。

母乳喂养的重要性从宝宝出生后6个月开始减弱，到了这个月，母乳的作用再次减弱，一天2~3次母乳就可以了，而且妈妈的乳汁分泌量也开始减少，饭菜成了宝宝的主要食物

有的宝宝不喜欢吃奶，喜欢吃各种辅食，那么妈妈就要注意多给宝宝喂一些鱼蛋肉，来帮助宝宝补充蛋白质

鼓励宝宝和大人一起吃饭

有的宝宝就喜欢和大人一起吃饭，这是值得鼓励的事情，可以将宝宝吃辅食的时间和大人午餐、晚餐的时间保持一致，如果宝宝喜欢吃大人的食物，那也没必要禁止，只要宝宝吃了不噎、不呛、不吐就可以。注意要少油少盐，不添加刺激性调料。而且和宝宝同桌吃饭，要注意将热菜、热饭挪远点，免得烫伤宝宝。

宝宝TIPS

宝宝喜欢和大人一起吃，那妈妈就可以利用这个时机，在午餐和晚餐的时间给宝宝添加辅食，这样既可以让宝宝开心地吃饭，也可以节省喂宝宝的时间，多陪宝宝玩耍游戏。

这些情况会让宝宝缺乏食欲

疾病或微量元素缺乏

当宝宝患发烧、腹泻等疾病时，容易出现食欲缺乏，但这种食欲缺乏是可以随着疾病的痊愈而消失的。另外，当宝宝缺乏锌、铁等微量元素时，也常常表现为食欲不好，这就需要给宝宝补充微量元素了。

不良的饮食习惯

宝宝吃饭的时间不规律，爱吃零食，餐前饮用过多的奶等，都会让宝宝吃饭的时候缺乏食欲。

咀嚼能力不足

当宝宝吃惯了泥糊状的食物，在碰到稍硬的食物时，不是吐出来就是含在嘴里不咽。有的妈妈会给宝宝喂汤水，让宝宝将食物咽下去，久而久之，会降低宝宝的食欲。

宝宝的身体、情绪不佳

宝宝的活动比较少，过于疲惫或兴奋，吃饭时想睡觉或无心吃饭等都会降低食欲。

喂养方法不当

吃饭时，爸爸妈妈强迫或者诱骗宝宝进食，或者吃饭的环境不好，这些也可能导致宝宝食欲缺乏。

提高宝宝的食欲

吃饭最好能固定时间和地点

培养宝宝在固定的时间和固定的位置上吃饭，进餐的时间也不要拖得太久，最好能控制在 15~30 分钟。

吃饭时保持环境安静

将可能分散注意力的玩具收起来，电视也要关上，让宝宝专心地吃饭。

吃饭时氛围要愉快

在宝宝吃饭时，不管吃了什么，吃了多少，爸爸妈妈都要保持微笑，最好不要把喜怒哀乐表现在脸上，更不要在饭桌上训斥宝宝。

变换做法

在宝宝对某种食物特别排斥时，妈妈可以变换做法，比如，将其熬粥或者掺到其他食物中，也可以暂停几天再给宝宝喂食，不要强迫宝宝进食或放弃给宝宝喂食。

营养
百分食谱

促进消化，
防止便秘

南瓜拌饭

材料 南瓜 20 克，大米 50 克，白菜叶 1 片。

调料 高汤少许。

做法

1. 南瓜洗净，去皮去子，切成碎粒；白菜叶洗净，切碎；大米淘洗干净，浸泡半小时。

2. 将大米放入电饭煲中，下高汤煮至沸腾时，加入南瓜粒、白菜叶，煮到稠烂即可。

宝宝护理全解说

不要让宝宝离开自己的视线

现在宝宝的活动能力很强，可以自己爬，自己翻身，会将手中的东西放进自己的嘴里，这些都存在着潜在的危险，所以这个时候将宝宝独自放在床上已经很不安全了，甚至让宝宝单独待几分钟都会发生意想不到的事情。所以妈妈在看宝宝的时候，轻易不要让宝宝离开自己的视线。

在这个时候，爸爸就更要担负起一起照顾宝宝的责任。可以帮助妻子做做家务，陪宝宝玩，这样可以减轻妈妈的负担。

宝宝TIPS

这个月的宝宝开始变成了让妈妈头疼的小淘气，刚刚收拾好的东西过一会儿就又乱成一团，妈妈也要比以前更繁忙，根本没有可以休息的时间，要时刻地盯着宝宝。现在的宝宝周围存在着很多的危险，妈妈一定要将可能会伤及宝宝的东西都去除掉，防止意外的发生。

宝宝意外跌落怎么办

八九个月的孩子很容易发生跌落的情况，大人稍不留神，宝宝可能就从床上或者沙发上掉了下来。几乎每个孩子小的时候都有过意外跌落的情况。应该说这种跌落一般都不会有什么严重的结果或者后遗症之类的，最可能出现的是跌落引起的外伤。

宝宝出现意外后，妈妈要仔细检查宝宝的摔伤部位，还要及时对宝宝给予安慰

抱起宝宝安慰

宝宝跌落下来，都会被吓哭，爸爸妈妈这个时候不要大呼小叫，免得让宝宝第二次惊吓，要抱起宝宝安慰他，并告诉他不要害怕。一般哄一会儿宝宝就不哭了，并且开始新的游戏。

观察宝宝身体状况

宝宝停止哭泣后，家长要仔细检查，看看有没有外伤，如果只是擦伤或者磕出小包，那就不需要特别处理，自己就能好。

如果宝宝出现大哭、呕吐、抽搐、意识不清等情况，那就要考虑是不是伤到头部了，必须及时就医。

如果宝宝大哭不止，而且不让你碰他的手或者脚的话，那么要考虑宝宝是不是有骨折的情况，一般出现骨折都需要把受伤的部位固定好，然后去医院就诊。

宝宝TIPS

宝宝跌落之后脾脏和肾脏的损伤很容易被忽视。如果是肾脏受伤，小便会因含血而变成红色。如果脾脏受伤，会因出血而出现脸色发黄、腹部胀鼓等症状，宝宝没有精神，也不吃东西。家长要仔细观察，如果出现以上异常，必须及时就诊。

如何对待任性的宝宝

宝宝现在已经开始有自己的想法和脾气，要是爸爸妈妈不顺从自己的意思，肯定会通过哭闹的方式来反抗，这个时候爸爸妈妈要采取正确的方法告知宝宝这样做不对。

转移注意力

如果宝宝正拿着刀具之类的危险物品玩，妈妈如果非常强硬地拿走，宝宝肯定要抗议，而且危险将升级。这时候妈妈应装作不在意的样子，给宝宝饼干或他没见过的玩具等，让宝宝自然将刀具放下来。

也可以带宝宝到室外去，先将他的注意力转移到外面的事物上，再不动声色地拿走危险品。

计时隔离

如果反复发生冲突，宝宝就会逐渐掌握使父母屈服的手段，直到父母让步，宝宝才停止尖叫，以后他遇到什么事都要哭闹，以此来支配父母。

对待哭闹、尖叫、不听话的任性宝宝，爸爸妈妈还是要尽量保持冷静，以避免在宝宝的心中留下阴影

对待任性的宝宝，如果转移注意力的方法不奏效，可以把他带到一个安全的房间里计时隔离，但只要宝宝表现出和解的意思，就必须以和蔼的态度对他解释或给予安慰。

洗洗小脚丫

泡：让宝宝的双脚完全浸入水中，体会温水造成的脚部血流加快、轻松舒适的感觉。

搓：从脚趾到脚后跟一点一点沿皮肤表面轻轻地搓过来。为了让宝宝学会自己洗脚，每次给宝宝洗脚时手的动作最好保持一致。

按摩：搓过一遍之后，可以给宝宝按摩全脚，顺序也是从脚趾开始到脚后跟。动作也不必太拘泥，只要让宝宝感觉舒服就行。

婴语小词典

捏香蕉

宝宝自述： 今天妈妈喂给我一根香蕉，香蕉软软的，我先抠抠它，再试着用一只手捏，再双手捏，哈哈，真好玩。

婴语解析： 宝宝在八九个月的时候都喜欢捏软的东西，如香蕉、面团、果酱、鸡蛋羹、米饭等。这是宝宝通过手对世界的探索。

育儿专家怎么说： 家长不应该制止宝宝的这种行为，如果觉得宝宝捏香蕉会很脏，可以给宝宝准备一个软软的黏黏的橡皮玩具，也能满足宝宝的探索欲望。

不同季节的护理

春季：户外活动注意空气质量

宝宝这个时候比较活跃，喜欢到外面玩耍，妈妈要注意外面的空气质量不好，风沙大的时候就不要带宝宝去外面玩了。雾天或者是扬沙天气，空中的悬浮颗粒多，带宝宝到户外之后可能会影响到宝宝的呼吸道。

在衣物的增减当中也要注意，不要过早地给宝宝除去冬衣，也不要一直遵从春捂秋冻的习惯，让宝宝一直捂着，只要是比成人多一层单衣就可以了。也要及时给宝宝更换薄的被子，要是宝宝一直盖厚被子，就会晚上睡觉的时候踢被子，这样就更会造成宝宝着凉感冒。

夏季：经常洗澡注意防蚊

这个月的宝宝比较活跃，喜欢到处动，而且宝宝的汗腺已经很发达，所以宝宝很爱出汗，尤其是在宝宝睡觉和吃饭的时候。这个时候宝宝就会很容易生痱子或者是脓疱疹。尤其是一些比较胖的宝宝，在皮肤的褶皱处很容易被汗液浸泡出现糜烂。所以要经常给宝宝洗澡，让宝宝一直保持干爽的状态。

防蚊子的叮咬也是同样重要，主要就是为了预防乙脑病毒的传播，在没有接种乙脑疫苗之前，妈妈一直都要注意保护宝宝不被蚊子叮咬。

秋季：坚持户外活动预防秋季腹泻

秋天天气慢慢转凉，不过妈妈也不要着急给宝宝加衣服，要让宝宝自己适应气温变化的过程，主要就是为了增强宝宝的抗寒能力，这样可以帮助宝宝更好地应对接下来的寒冷的冬天。宝宝的户外活动也不要间断，多给宝宝一些锻炼的机会，可以让宝宝的呼吸道增强抵抗寒冷的能力，预防呼吸道疾病。

腹泻预防仍是不可以掉以轻心的，宝宝一旦有腹泻的情况发生，就要首先检查是不是秋季腹泻，及时给宝宝补充水分和电解质，避免宝宝受到更大的伤害。

冬季：痰鸣的护理

冬天一到，有的宝宝可能就开始出现呼噜呼噜的声音，嗓子里一直有痰，晚上咳嗽的时候还可能会出现吐奶的情况，这就是痰鸣带给宝宝的一些不良的影响。要是宝宝同时还会有鼻塞的情况，那么就会影响到宝宝的呼吸，让宝宝烦躁不安。

这些情况和宝宝的体质有关系，也和爸爸妈妈的护理有关系。要根据温度变化随时给宝宝增减衣物，在妈妈着急带着宝宝去医院治疗的时候，也要注意平时的一些护理方法。不要天一冷就不让宝宝在户外活动，多给宝宝喝水可以稀释痰液，如果宝宝身体缺乏某些元素，要及时进行补充。

益智游戏小课堂

唱儿歌 | 语言能力

目的：培养宝宝的听力和乐感，刺激宝宝多说话。

准备：儿歌书。

妈妈教你玩：

1. 妈妈要抽空给宝宝放一些儿歌，或者自己唱歌给宝宝听。
2. 在唱儿歌时，要伴随着丰富的表情和动作，这样更能吸引宝宝。

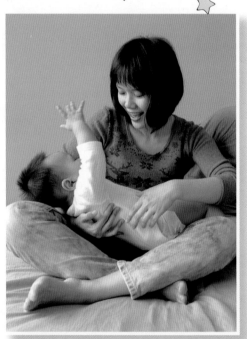

宝宝TIPS

小鼓响
我的小鼓响咚咚，我说话儿它都懂。
我说小鼓响三响，我的小鼓咚咚咚，
哎哟哟，这不行，宝宝睡在小床中。
我说小鼓别响了，小鼓说声懂懂懂。

布娃娃
布娃娃，布娃娃，大大的眼睛黑头发，
一天到晚笑哈哈，又干净来又听话，
我来抱抱你，做你的好妈妈。

爱心提醒

　　培养宝宝的语言能力时，妈妈也应注意培养宝宝的乐感。妈妈多给宝宝听优美的音乐和儿童歌曲，让他感受音乐艺术语言，感受音乐的美，用音乐来启发宝宝的智力。

拉大锯 | 精细动作能力

目的： 锻炼宝宝的精细动作能力。

准备： 毛巾或一块布。

妈妈教你玩：

让宝宝抓住毛巾。然后，妈妈抓住另一端，轻轻地拉，试试他的力气。一边拉还可以一边说儿歌。

爱心提醒

　　妈妈的动作要轻柔，如果宝宝不喜欢这个游戏，可以换成妈妈直接握着宝宝的手，一边轻摇，一边唱儿歌。

专题

用玩具促进宝宝的动作发展

玩具不仅可以增加宝宝的生活情趣，丰富知识，开拓能力，而且有助于培养宝宝健康的个性。玩具是宝宝的第一本教科书。

玩具造就宝宝的个性

父母针对宝宝的个性特点，有目的地选择玩具，对宝宝个性的健康发展会有积极作用。

1. 对于比较好动、坐立不安的宝宝，家长可以选择一些静态性的智力玩具，像积木和插塑玩具，让宝宝能较长时间地集中注意力，学会控制物体，并进而能控制自己的行动，使好动的个性有所修正。

不同的玩具适合不同的宝宝

2. 对于沉默寡言、性格孤僻的宝宝，家长可以选择动态玩具，如惯性玩具和声控玩具，让宝宝在追逐汽车、飞机、坦克的过程中，产生愉快和自信的感觉，逐渐形成活泼、开朗的个性。

3. 对于粗枝大叶、性情急躁的宝宝，家长可以选择些制作性玩具，如纸模玩具，让宝宝在制作过程中，认识事物之间的关系，养成学习的习惯。

4. 对于不合群、不愿和别人交往的宝宝，家长可以选择参与性玩具，如水上玩具，或让宝宝参加集体游戏，使宝宝逐渐了解自己和他人之间的关系。

父母应有计划地使用非专门玩具，如棒子、纽扣、橡皮泥、绳子等，让宝宝自由游戏，在游戏中引导宝宝掌握这些材料的特征和使用这些材料的基本技能。在此基础上，引导宝宝对手中的材料进行整体组合，并逐步过渡到有主题、有情节的组合，以发展宝宝的独创能力。有关实践已经证明，非专门玩具对宝宝健康个性的发展会有意想不到的促进作用。

游戏结束后，父母要督促宝宝把玩具收拾整理好，以养成良好的行为习惯。在收拾整理玩具的过程中，同样要求宝宝用最快的速度和最合理的排列来完成管理任务。

不同年龄的宝宝宜选不同的玩具

宝宝的确是从游戏中学习，但是不一定非买昂贵的玩具才能学到东西。"新生宝宝不会玩玩具，没有必要买玩具？"那你就错了！其实，玩具对新生宝宝而言，并不在于玩，而是提供对视觉、听觉、触觉等刺激。

新生宝宝可以透过眼睛看玩具的颜色、形状，耳朵听玩具发出的声音，四肢触摸玩具的软硬，向大脑输送各种刺激，促进脑功能的发育。因此，为新生宝宝选择玩具是必需的。为新生宝宝选择安全玩具，最好是能看、能听又能吊挂，颜色要鲜艳，最好是以红、黄、蓝三颜色为基本色调，能发出悦耳的声音，造型要精美简单，触感柔软、温暖，体积较大，无棱角的。

当宝宝已经 1~2 岁时，家长会发觉宝宝所谓"玩"玩具，其实就是把玩具从篮子或柜子里统统倒出来，撒了满地都是，这就算玩完了，而且还不负责收拾归回原位。这令花了大钱买玩具的父母失望不已，宝宝不只是乱丢玩具而已，他还是个破坏高手，这只小熊没有眼睛，那只小狗没鼻子，钓鱼玩具组只剩鱼箱，鱼和钓竿已不知去向……这可是一点儿也不稀奇的。

父母还会发现，买了一架漂亮的玩具飞机给 1 岁的宝宝，宝宝有兴趣的却是装飞机的盒子，对不会动也没声音的飞机连看都不看一眼，唉呀呀！怎会这样？

其实，宝宝没什么不对，因为宝宝就是这样玩的。因此，父母首先要根据宝宝的年龄选择适合的玩具给他，太早或太晚都是白费工夫。例如，一个三四个月大的宝宝，可能一条小手帕就让他玩得很高兴了，玩具电话可就没兴趣了；玩具钢琴对 1 岁的宝宝来说，是拿起来摔的好东西，可是拿给一个 3 岁的宝宝，他可以边弹边唱，虽然不成调，但是乐趣无穷。

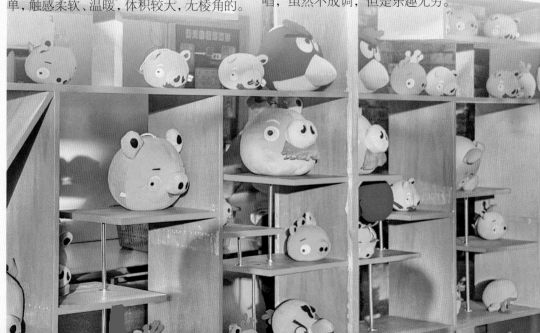

第 37~40 周（10 个月宝宝）

喜欢到处爬

　　我现在是个闲不住的小忙人，喜欢到处爬来爬去，有的时候我会意外地发现很多新奇有趣的东西，那些都是以前我没有看到过的。我还喜欢听爸爸妈妈讲话，认真地学他们的声音，高兴的时候，还会咿咿呀呀地跟他们说话，不过不知道他们能不能听懂呢？

妈妈育儿备忘录

1. 让宝宝养成良好的饮食习惯，适当控制肥胖宝宝的饮食。

2. 给宝宝多吃富含多种维生素的食物，促进宝宝的视力发育。

3. 帮助宝宝多练习拇指与食指的捏取能力，学习更为精细的动作。

4. 帮助宝宝锻炼腿部肌肉的力量，为下一步学习走路做准备。

5. 创造机会帮助宝宝认图识字，多给宝宝讲小故事，让宝宝听懂每句话，促进语言等多方面的智能发育。

6. 经常帮宝宝揉揉手指，促进血液循环。

7. 为宝宝选择一双合适的鞋子，并帮助宝宝学会站立，训练宝宝学习迈步。

8. 鼓励宝宝在玩水、玩沙、玩泥、玩玩具中练习手和四肢的协调性。

9. 注意宝宝活动范围的安全，防止小绒毛落入宝宝的眼睛中。

10. 训练宝宝有意识地叫"爸爸""妈妈"。

11. 鼓励宝宝多说话，响应其简单的要求，以锻炼其语言能力。

12. 教宝宝看图、认人、认物等，在潜移默化中认字。

宝宝成长小档案

	男宝宝	女宝宝
体重	7.2~11.3 千克	6.6~10.5 千克
身高	67~77.6 厘米	65~75.9 厘米
运动能力发展	会从站着变成坐着 会扶着东西站起来	
心智发展	记得住曲调，听到熟悉的音乐会很开心 能将画册上的动物与现实中的动物联系起来	
感官与反射	在大人聊天的时候，宝宝会在旁边认真听	
社会发展	当熟悉的人靠近，宝宝会高兴欢迎；如果是陌生人，会变得很戒备	

宝宝发生的变化

体重没有明显增加，只增加身高

从现在起，宝宝进入了一个更加成熟的阶段。由于体重增加不明显，而身高继续增长，因此，原先胖乎乎的模样看上去有些瘦了。

能够正确表达自己的意思

凡事有了自己的主见，一旦感到不如意就会又哭又闹。比如，宝宝想让别人抱，要是没能达到目的，就会坐在地上蹬着脚哭闹。宝宝不仅能听懂"不行"这样的话，还会观察别人的脸色。如果是自己感兴趣的事情，还能表达"再来一次"的意思。

手指和下肢更加灵活了

手指更加灵活，能较长时间独自一个人玩套圈等玩具。如果发现有趣的玩具，能扶着东西蹲下去捡，能从站位到坐位，下肢的灵活性不断增加。

这个月的宝宝比以前的活动能力强，自己可以扶着墙或者是抓着栏杆自己站起来

宝宝的营养中心

宝宝饮食安排

第 10 个月，宝宝每日应吃 2~3 次奶、3 次主食、1 次加餐，进入三餐加 400~500 毫升奶的阶段。此时，宝宝逐渐习惯了全家饭菜中的大部分食物，经过更多的指导和训练，就可以准备好与其他家庭成员一起进餐。需要注意的是，在添加任何调味料前要先将宝宝的食物盛出来。

多给宝宝吃对牙齿有益的食物

富含蛋白质的食物

蛋白质对牙齿的形成、发育、钙化、萌出有着重要作用。蛋白质有动物蛋白和植物蛋白两种，肉类、鱼类、蛋类、乳类中富含的是动物蛋白，而豆类和干果类中含有的是植物蛋白。如果经常摄入这些食物，能促进牙齿正常发育。相反，如果蛋白质的摄入不足，容易造成牙齿形态异常，牙周组织变形，牙齿萌出延迟。

富含矿物质的食物

牙齿的主要成分是钙和磷，其中钙的最佳来源是乳类。此外，粗粮、海带、黑木耳等食物中也含有较多的磷、铁、锌、氟，能帮助牙齿钙化。

富含维生素的食物

充足的维生素能促进牙齿的发育。维生素 A、维生素 D 的主要来源是乳类及动物肝脏等。如果摄入的维生素 A、维生素 D 不足，容易造成牙齿发育不全和钙化不良。

坚硬耐磨的食物

如排骨、牛肉干、烧饼、锅巴、馒头干等，能锻炼宝宝的咀嚼能力，有效刺激宝宝下颌骨的生长发育。

添加辅食很重要

吃母乳的宝宝，在添加辅食时，会遇到困难，宝宝总是恋着妈妈的奶。本月，宝宝可能不是因为饿而要吃母乳，而是在和妈妈撒娇。到这时，即使母乳比较充足，也不能提供宝宝每日的营养所需，必须添加辅食，让辅食逐渐成为宝宝的主食。但并不是说到了这个月就要断母乳，只要掌握好喂母乳的时间，宝宝就不会白天总是要吃母乳，也不会影响辅食的添加。

粗粮当中含有多种微量元素，对于宝宝的健康非常有利，并且有些粗粮当中维生素的含量也很高

宝宝 TIPS

这个月宝宝可以吃的辅食种类比较多了，宝宝的吞咽和咀嚼能力都增强了，所以可以增加一些固体食物了。有些宝宝很喜欢吃大人的饭菜，也可以让宝宝和大人一起吃，这也会让妈妈轻松很多。

这些食物还不能吃

宝宝这个时候能吃的东西很多了，基本上家里吃得很多的饭菜都能够喂给宝宝，但是有些食物暂时还不能够当作宝宝的辅食，爸爸妈妈要多加的注意了。

蔬菜类： 牛蒡、藕等不易消化的蔬菜。

辛辣调味料： 芥末、胡椒粉、姜、大蒜和咖喱粉等辛辣调味料。

某些鱼类和贝类： 如乌贼、章鱼、鲍鱼，以及用调料煮的鱼贝类小菜、干鱿鱼等。

其他： 巧克力糖、奶油软点心、软黏糖类以及其他人工着色的食物、粉末状果汁等。

可以增加一顿辅食

到了这个月可以根据宝宝的食量，再增加一顿辅食，每天保证吃 2~3 次辅食。每天喂 2~3 次奶，每次 100~200 毫升。期间可以给宝宝添加水果、面包片等小点心。如果不喜欢喝奶，可以增加肉、蛋等辅食以补充足够的蛋白质。如果不喜欢吃辅食，那就要适当增加喝奶量，但是每天喝奶不能超过 1000 毫升。

宝宝腹泻饮食方案

腹泻宝宝需要更多的营养，妈妈应坚持按照少食多餐、由少到多、由稀到稠的原则来给宝宝安排饮食。

腹泻时，最需要注意的是脱水症状，可以通过自制糖盐水、盐米汤、盐稀饭，及时地给宝宝补充水分和盐分。母乳喂养的宝宝，可以酌情减少喂养量。断奶期的

宝宝，如果不想吃辅食，也可以停止，等到腹泻停止后再开始吃，而且要观察大便的状况，再逐渐恢复到生病前的饮食。

腹泻期间，宜食清淡、易消化的食物，如面片汤、米粥、胡萝卜汤、苹果泥等，乳制品、橘子汁、油分多的饼干，可以导致粪便稀软，使得宝宝腹泻不止，因此最好不要吃。

宝宝 TIPS

预防宝宝腹泻的要点

1. 宝宝的食物要新鲜、卫生，不要贪图方便而吃隔夜食物，冰箱里拿出来的食物要热透。

2. 宝宝的脏衣裤及尿布、便盆、餐具、玩具等都要进行消毒，护理者要勤洗手，以减少感染的机会。

3. 注意宝宝腹部保暖，以免腹部受凉，肠蠕动加快，加重腹泻。

小米粥清淡，易消化，适合腹泻恢复期的宝宝食用

营养
百分食谱

促进肠胃
蠕动

萝卜青豆素丸

材料 青萝卜 50 克，青豆 10 克，蘑菇 20 克，鸡蛋 1 个。

调料 燕麦粉、高汤、盐少许。

做法

1. 青豆洗净，放锅中煮烂；鸡蛋磕开，搅匀；青萝卜洗净，切成细丝；蘑菇洗净，切碎。

2. 将青豆、萝卜丝、蘑菇碎、鸡蛋液和盐放入搅拌机中绞碎，再混入燕麦粉做成馅，然后搓成小丸子。

3. 锅中倒入高汤，加适量水大火烧开，放入小丸子，煮熟即可。

宝宝护理全解说

宝宝秋季腹泻怎么应对

秋季腹泻症状

秋季腹泻是 9~18 个月的婴幼儿常见疾病，多发生在每年的秋季，是感染了轮状病毒引起的肠炎。秋季腹泻起病急，多是先出现呕吐的症状，不管吃什么，哪怕是喝水，都会很快吐出来。紧接着就是腹泻，大便像水一样或者是蛋花样便，每天五六次，严重的也有十几次的。腹泻的同时还伴随低热，体温一般在 37~38℃之间。宝宝会因为肚子痛，一直哭闹，并且精神萎靡。

护理方法

秋季腹泻是一种自限性腹泻，即使用药也不能显著缓解症状。呕吐一般 1 天左右就会停止，有些会延续到第 2 天，而腹泻却迟迟不止，即便烧退下来了，也还会持续排泄三四天像水一样的呈白色或柠檬色的大便，时间稍长，大便的水分被尿布吸收后，就变成了质地较均匀的有形便，而并不只是黏液。一般需要 1 周或者 10 天左右，宝宝才能恢复健康。

秋季腹泻要提防宝宝脱水，所以可以去药店买点调节电解质平衡的口服补液盐，宝宝一旦开始吐泻，就用勺一口一口不停地喂他。如果吐得很严重，持续腹泻，宝宝舌头干燥，皮肤抓一下成皱褶，且不能马上恢复原来状态，这就说明脱水严重了，此时，必须去医院输液治疗。

在喂养方面，起初除了喂奶，还可以喂些米汤之类的流食，待呕吐停止后，宝宝如果有食欲可以添加易消化的辅食。不能因为宝宝腹泻就只给宝宝喂奶，这样不利于大便成形。

如何对待夜间啼哭的宝宝

有些宝宝以前晚上一直睡得很好，但是现在晚上睡觉时会突然哭醒。这时候爸爸妈妈会很着急，想要知道如何应对这种情况，首先得知道宝宝啼哭的原因。

如果宝宝哭一阵就好，但是过一会儿又哭起来，而且比上次哭得还严重，这样反反复复地哭，频繁呕吐，没有大便或血便，就要考虑肠套叠的可能，要及时就诊。如果只是偶尔哭一下，那就不需要去医院。

如果是冬天，宝宝夜间突然哭，要考虑宝宝是不是冻哭的。先摸下宝宝的身体，如果凉凉的，就得把宝宝抱过来贴着妈妈睡，慢慢暖和了宝宝就不哭了。如果是夏天，宝宝也有可能会因为太热而哭，所以夏天晚上最好不要给宝宝盖太多，只要保护好小肚子就可以。

另外，肚子不舒服或者做噩梦了，晚上宝宝都有可能会哭，妈妈要给宝宝揉揉肚子，抱抱宝宝，给宝宝足够的安慰，就能缓解宝宝的哭闹。

让宝宝多玩玩水

玩水有益身心

1. 玩水能让宝宝感受到一种天生的快乐，这种快乐有助于培养宝宝乐观向上的性格。

2. 从小多接触水，通过玩水，让宝宝感受到水的特性，激发宝宝的想象力，开发宝宝的智力，让宝宝更聪明。

3. 玩水能活动身体，发展动手能力，促进身体发育。

怎样让宝宝玩得尽兴

1. 在夏天，当宝宝出现烦躁不安时，完全可以将玩水作为调节的方法。发现宝宝要闹情绪或者热得不太舒服时，可以随时在卫生间接一大盆温水，放入宝宝喜欢的玩具，然后将宝宝放进盆里玩耍。

2. 在不适合随时下水的日子里，妈妈可以准备一大块防水地垫，在盆中放入清水和鲜艳的玩具，也可以放入几条小金鱼，再给宝宝一个捞网，宝宝自己就能兴致勃勃地玩起来。

3. 闲暇时，带着宝宝到婴幼儿游泳馆游泳吧，这是个满足宝宝天性、维护宝宝健康的好方法。怕水的妈妈要为了宝宝克服困难，不要因为自己而让宝宝失去了尽情玩水的快乐。

宝宝喜欢玩水是天性，对于宝宝来说，水是非常有趣的玩具，看宝宝玩得多开心啊

随时保护宝宝的安全

第 10 个月，宝宝能抓住各种物体站起来，而且喜欢朝眼前的东西爬过去，很容易发生撞头等事故。但如果爸爸妈妈因为害怕发生事故而盲目地限制宝宝的行为，宝宝就容易失去好奇心。因此爸爸妈妈只能随时在宝宝身旁给予保护。

另外，宝宝抓住婴儿车站起来时，也容易失去平衡，发生撞伤等，因此在不使用婴儿车的时候，应该把它藏在宝宝看不到的地方。宝宝乘坐婴儿车时，一定要系上安全带。

如何应对男宝宝摸"小鸡鸡"

有些男宝宝会有抓"小鸡鸡"的现象，有两种可能：一种是可能存在包茎、会阴湿疹等不适，宝宝会因为瘙痒而抓"小鸡鸡"；另外一种可能是大人的原因导致的。比如周围的大人经常拿宝宝的"小鸡鸡"开玩笑，甚至喜欢去揪宝宝的"小鸡鸡"，宝宝会觉得大家喜欢他的"小鸡鸡"，并且会模仿大人自己也去抓"小鸡鸡"。

如果发现宝宝喜欢抓"小鸡鸡"，首先要检查是不是出现了包茎或者有湿疹，如果有那就要及时治疗。并且不要让孩子穿得太多太热，适宜穿较宽松的内衣，同时保持"小鸡鸡"的清洁卫生。

如果是大人的原因导致的，首先大人要先改掉自己的问题，然后再去纠正宝宝的不良习惯。注意不能因此惩罚、责骂或讥笑宝宝。尽量把宝宝的注意力转移到其他活动上去，分散宝宝对固有习惯的注意力。只要耐心诱导并适当地进行教育，大部分宝宝会随着年龄的增长不治自愈。

婴语小词典

什么都往嘴里放

宝宝自述：我都已经 10 个月了，会坐、会爬了，我突然发现周围好多陌生的东西啊，它们都是什么啊？让我万能的嘴来尝尝吧。哦，这个积木是硬的，咬不动……真好玩。我觉得我的嘴太厉害了，可是妈妈怎么不高兴啦，妈妈为什么要制止我用嘴尝东西呢？

婴语解析：宝宝会坐，会爬之后视野宽阔了很多，活动范围也大了，现在的世界对他来讲是陌生的又是新奇的，他渴望用自己的方式去探索这个世界。而嘴就是他探索世界的工具，什么东西都能放到嘴里。

育儿专家怎么说：最初宝宝只是用嘴来认识自己的手，当手完全被宝宝唤醒之后，宝宝就开始用手和嘴相结合来认识世界了。所以这个年龄段的宝宝什么都喜欢用手拿着放到嘴里。只要没有危险，建议妈妈不要随便制止宝宝的行为。

不同季节的护理

春季：多去户外欣赏美好风景

春季天气晴好的时候，可以带着宝宝多到外面去感受一下大好的春光。现在的宝宝可以在外面活动 3 个小时左右，只要是天气晴朗，气温不低，就可以让宝宝多在户外玩。

夏季：注意饮食卫生、防蚊虫叮咬

夏天饭菜容易变质，不要让宝宝吃剩饭剩菜，放在冰箱当中的食物也尽量不给宝宝吃，宝宝的食物最好是现吃现做。

防蚊防虫还是非常有必要的，夏天宝宝穿的衣服很少，身体的大部分面积都暴露在外面，这样就会很容易给蚊子造成可乘之机，而且现在宝宝喜欢动来动去，娇嫩的皮肤也很容易擦伤，也都是需要妈妈注意的。

秋季：防止痰鸣仍重要

秋天开始天气转凉，一些宝宝的呼吸道可能没有一时适应，就会出现痰鸣。宝宝出现了痰鸣，很多的时候并不影响精神状态，也不影响到宝宝的食欲，那么，妈妈就不要过多担心，可以适当地给宝宝吃一些鱼肝油，这样可以帮助宝宝修复气管内膜，对于一些容易患感冒的宝宝也很有用。

冬季：不要一直困在屋里

现在宝宝已经有一定的抗寒能力了，所以，不管天气多寒冷，还是要带着宝宝到户外去活动活动。有些妈妈太娇惯宝宝，天气一冷了就停止了宝宝一切的户外活动，结果可能会导致宝宝出现睡不好，经常闹夜的情况。宝宝一冬天不出门，等到了春天，一出去适应不了外面的气温，容易患上感冒，而且长期不见阳光，也会影响到钙质的补充。

益智游戏小课堂

钢琴演奏 | **听觉能力**

目的： 通过敲击钢琴或电子琴让宝宝感受不同的声音，刺激宝宝的听觉和音乐美感。

准备： 玩具小钢琴或电子琴。

妈妈教你玩：

1. 妈妈为宝宝准备一架玩具小钢琴或电子琴。
2. 将钢琴放在桌子上，妈妈握住宝宝的手，在琴键上随意敲打或拍打。
3. 妈妈也可以握住宝宝的手，用宝宝的食指敲击琴键，弹出一定的旋律。

爱心提醒

敲打是宝宝的天性，这个时期的宝宝对自己弄出来的声音非常感兴趣，并且对不同的声音有了一定的敏感性。妈妈要放手让宝宝敲敲打打。

把小熊递给我 | 精细动作能力

目的： 锻炼宝宝的手眼协调能力和思维能力。

准备： 小熊玩偶或其他玩具。

妈妈教你玩：

妈妈将小熊和其他玩具都放在宝宝面前，然后和宝宝说："宝宝，把小熊递给妈妈好不好？"鼓励宝宝把小熊找出来，并递给妈妈。

爱心提醒

　　有过一次成功的经验，即使妈妈没有让宝宝把小熊递过来，宝宝也可能自己把小熊找出来递给妈妈，这个时候妈妈依然要夸奖宝宝，告诉宝宝他很棒。

专题

妈妈需要知道的育儿误区

误区一：会爬的宝宝更聪明

爬行是宝宝在成长当中要学习的一项重要的技能，在宝宝的爬行过程中，左右手和左右脚在相互交替协作，视觉也在不断转换锻炼，这些都是对宝宝能力的锻炼，可以帮助宝宝增强各项运动的能力。不过这并不能说明宝宝更早地会爬，以后就会更聪明，不会爬的宝宝日后头脑就笨。

很多的妈妈觉得宝宝多爬可以促进大脑开发，于是就让宝宝一直爬，甚至是宝宝想站起来都会被妈妈阻止。其实爸爸妈妈要遵从宝宝生长的规律，让宝宝自由发展，妈妈不需要过分干涉。

误区二：剖宫产的宝宝运动能力差

是剖宫产还是自然生产，这是每一个孕妈妈都会遇到的问题，医生一般都会建议采用自然分娩的方式，通过自然分娩，宝宝的头部和腹部受到妈妈阴道的挤压也会产生一系列的适应性的转动，而剖宫产的宝宝缺少这些过程，所以在运动能力发育和感觉综合能力发展发面要比自然分娩的宝宝要晚一点，但是，这并不能说就会导致运动能力差。

宝宝的运动能力是需要进行培养的，爸爸妈妈可以在宝宝的成长当中帮助宝宝进行锻炼，所以那些担心自己的宝宝可能会运动能力差的妈妈可以就此放心了，在进行生产的时候，自然生产最好，但要是妈妈的身体条件不能够做到自然生产，也不用过于纠结了。不管哪种方式，妈妈和宝宝能够平安就是最重要的事情。

误区三：走得早发育得快

现在是一个快节奏的时代，很多的妈妈对于宝宝的生长发育也是希望什么都要快人一步，生怕宝宝落后了。在育儿理论中有一种说法是宝宝会走路走得早，那么发育得就早，所以着急的妈妈就会早早地让宝宝学会站，学会走。在这里还是要告诉爸爸妈妈，宝宝生长是一个循序渐进的过程，而且是一个很自然的过程，不要总是过多地人为地去干预。

宝宝的发育会按照自己的过程来进行，只要是在正常的范围内都没有问题的。不是说走得晚的宝宝就会比走得早的宝宝发育缓慢，每一个宝宝会走路的时间都是不一样的，妈妈不要太着急，看到别人家的宝宝会走了，就开始担心自己的宝宝落后了。

过早地学会站立和走路对于宝宝的生长也不利，宝宝的骨骼比较柔软，过早进行站立，腿部的骨骼难以承受，最后就会造成腿部发育受影响。所以一切还是顺其自然好。

误区四：说话晚的宝宝更聪明

在民间流传着"贵人语迟"的说法，认为说话晚的宝宝更聪明，这个说法并不科学。宝宝说话的时间不是固定的，有的可能会时间早一些，有的宝宝可能会到2岁的时候才会开口说话，但是有的宝宝说话比较晚可能就是疾病的征兆了，爸爸妈妈千万不能大意。

有些宝宝说话晚，可能是因为疾病导致的，比如听力障碍、智力低下、自闭症等，对于宝宝这些疾病就要及早发现及早治疗。有的宝宝在听力、智力、行动能力上都和正常的宝宝没有区别，但是就是不会说话，

这个时候妈妈也不要着急，平时的时候多跟宝宝说话，给宝宝讲故事，慢慢宝宝就会开口说话了。

误区五：用安抚奶嘴对付哭闹

很多的妈妈都喜欢用安抚奶嘴哄宝宝，只要是宝宝一哭闹，立马就会给宝宝放在嘴里，宝宝的哭闹也就立刻停止了，但是这并不是一个有效健康的方法。偶尔地使用安抚奶嘴不会影响到宝宝的口腔健康，但要是长期让宝宝使用安抚奶嘴，就会影响到宝宝的牙齿发育，会造成以后宝宝出现牙齿咬合不正的问题。

宝宝哭闹肯定是有原因的，单纯地使用安抚奶嘴并不是最好的方法，最好就是找到宝宝哭闹的原因，饿了？困了？尿湿了？害怕了？这些都是宝宝出现哭闹的原因，妈妈要正确理解宝宝的意思，让宝宝感到妈妈存在的安全感。

误区六：个头小的宝宝长不高

有的宝宝出生的时候要个子小一点，很多的爸爸妈妈就会很担心宝宝将来的身高问题。其实，宝宝出生时的身高只能是和妈妈在孕期时候的营养和健康状况有关系，并不能够说明以后长大成人的身高。宝宝的身高与遗传和后天的环境都有关系，就算是早产儿，在后天进行科学地营养护理，也会达到理想的身高。

宝宝身高的决定因素并不在出生时的长度，这和爸爸妈妈的身高、营养、睡眠、运动等都有关系。其实后天的养育对于宝宝的身高影响很大，在宝宝成长发育的过程中，爸爸妈妈要给宝宝补充充足的影响，自然宝宝就不会长不高。

第 41~44 周（11个月宝宝）

能够独自站一会儿

现在我可以扶着床边轻松地站起来，有一次我勇敢地松开了扶着床的手，竟然站住了，尽管过了一会儿就又坐下了，但是妈妈看到了之后还是非常高兴，一直在夸我好棒呢。忽然觉得站着的感觉太好了。

妈妈育儿备忘录

1. 合理安排宝宝的辅食，鼓励宝宝自己吃饭。

2. 注意应对一直依恋母乳的宝宝。

3. 创造机会帮助宝宝认图识字，多给宝宝讲小故事，让宝宝听懂每句话，促进宝宝语言等多方面的智能发育。

4. 多创造条件进行一些探索类游戏，从而提高宝宝创造性思维的发展。

5. 帮助并鼓励宝宝独自站立，并逐渐迈步。

6. 多让宝宝与外界交流，加强人际交往的能力。

7. 训练宝宝手脚爬行。

8. 教宝宝学翻书、找图画。

9. 教宝宝绘声绘色地念儿歌、通话、诗歌，听音乐等。

10. 让宝宝跟着音乐来扭动身体。

11. 用具体的物品来教宝宝"数"的概念，如苹果等。

12. 锻炼宝宝爬行、独站、行走的能力。

13. 宝宝眼中如有异物，请谨慎处理。

宝宝成长小档案

	男宝宝	女宝宝
体重	7.6~11.7 千克	6.9~10.9 千克
身高	68.3~78.9 厘米	66.2~77.3 厘米
运动能力发展	身体和手、脚的活动变得协调，可以拉着栏杆自己站起来	
心智发展	穿衣服时会配合伸手 会模仿大人的手势	
感官与反射	有了延迟记忆能力，印象比较深的事情甚至能记住好几天	
社会发展	喜欢被表扬，会主动接近小朋友	

宝宝发生的变化

能够独自站立

到了这个时期，宝宝在扶着沙发或桌子站起来后，能抓着沙发或桌子独自横向移动几步，还能放开双手，独自站立一小会儿，尽管晃动几下身体后马上就会坐在地上。但是，反复进行这样的练习，就会产生独自站立的自信心，而且敢于自己迈开步子。

手的活动能力更加成熟

眼和手的协调能力提高，手的活动更加熟练，已经能够自己用手来吃东西，能够打开桌子的抽屉等。

灵活自如

宝宝虽然还不能熟练地行走，但是身体已经活动自如。对于周边的东西，能够很轻易地靠近去触摸和观察。能够转身，失去平衡时能够用手抓住身边的东西，不会轻易跌倒。

抓住椅子开始学习走路

宝宝已经进入了学习走路的初期阶段。学习较快的宝宝还能放开双手走一两步。每个宝宝学会走路的时间各不相同，一般情况下，宝宝在出生后 10~16 个月学会走路都属于正常。

宝宝的营养中心

不必着急断母乳

很多人认为到了 10 个月母乳已经没什么营养，不如干脆断了母乳让宝宝直接吃辅食。这种想法是不对的，吃母乳是宝宝的权利，也是宝宝最幸福的事情，不建议轻易给宝宝断奶。除非宝宝除了母乳外其他食物什么都不吃，才有必要断母乳。

专家指出，断母乳最好选择自然断奶法，逐步减少喂母乳的时间和量，代之以配方奶和辅食，直到完全停止母乳喂养。妈妈不要用药物或辛辣品涂在乳头上，来迫使宝宝放弃母乳，这样会给宝宝心理上造成不良的影响。此外，断母乳最好选择气候适宜的春秋季，要避开炎热的夏季。另外，在宝宝生病时也不要立即开始断母乳。

适量减少母乳喂养次数

这个月要减少母乳喂养的次数，每天的总奶量应不少于 400~500 毫升。可以让宝宝和大人一样在早、中、晚按时进食，并养成在固定的时间进食饼干、水果等的习惯。宝宝营养的重心应从奶转换为普通食物，让宝宝品尝到各种食物的滋味，做到营养均衡，使宝宝的饮食含有足够的蛋白质、维生素 C 和钙等营养。此外，不能给宝宝吃不易消化、过甜、过咸或调料偏重的食物。

宝宝 TIPS

宝宝的小手越来越灵活了，可以开始锻炼宝宝自己拿勺子吃饭。给宝宝准备一套专用餐具，爸爸妈妈先给宝宝示范怎样用勺子吃饭，让宝宝进行模仿。要鼓励宝宝自己练习吃饭，慢慢培养独自进餐的好习惯。

断奶餐的制作要点

开始时间	出生 11 个月开始
宝宝的饮食习惯	与爸爸妈妈同桌吃饭；有的宝宝已经会使用勺子了
优选食物	谷物：玉米、面条、米饭 蔬菜：菠菜、南瓜、胡萝卜、白萝卜、蘑菇、圆白菜、洋葱、番茄、韭菜 水果：苹果、梨、橙子、菠萝、草莓、猕猴桃 肉类：瘦牛肉、鸡胸肉 海鲜：鳕鱼肉、虾肉、蟹肉、蛤蜊肉、青鱼、小银鱼 其他：鸡蛋、豆腐、海带末、核桃仁、花生、栗子
制作要点	米粥的软硬度要掌握在能够看清米粒形状的程度。食物的形状不宜大，不然会使宝宝不能正常咀嚼，食物要做成适合宝宝小嘴的大小，能培养宝宝细嚼慢咽的进食好习惯
喂食次数和喂食量	每天可喂三次断奶餐，每餐可喂 100 克软饭，蔬菜从每餐 40 克逐渐增加至 50 克

宝宝上火吃什么

1. 多喝白开水对宝宝去火有帮助，特别是夏季天气炎热的时候，可以让宝宝多喝一些清热的饮品，如绿豆汤等。

2. 像烤羊肉串、炸鸡、薯片、巧克力、奶油等容易上火的食物，尽量不让宝宝吃。夏天，还应少吃桂圆、荔枝等热性水果。

3. 食物中应尽量避免使用辛辣的调味品，如姜、葱、辣椒等。

宝宝厌食怎么办

厌食、偏食是宝宝一种常见病症，如果不及时调整，可能会导致宝宝体质下降，甚至影响宝宝的生长发育。导致宝宝厌食挑食的原因很多，最常见的有以下几种：

1. 受家人特别是妈妈的影响比较大，妈妈对某种食物的偏好往往会影响宝宝。

2. 父母都希望宝宝摄取足够的营养，但是当宝宝拒绝吃某种食物时，父母还是强制地喂宝宝吃，这样就会让宝宝产生厌恶这种食物的心理。

3. 宝宝过量吃一些零食、生冷食物，伤了脾胃，导致宝宝出现厌食。实际上，真正称得上"厌食症"的非常少见，大多数厌食或者挑食的宝宝都是父母的喂养方法不当导致的。因此，如果你认为自己的宝宝出现厌食，首先要先检查一下自己的喂养方式是否有问题。其次看一看孩子的生长发育情况，如果宝宝发育正常，精神、睡眠都很好，那么就请妈妈尊重孩子自己的饮食习惯吧！

宝宝现在在饮食上已经有了自己的喜好了，爸爸妈妈喂养时要注意在保证宝宝的营养基础上，尊重宝宝的饮食喜好，让宝宝高兴地进食

营养
百分食谱

利尿

冬瓜球肉丸

材料 冬瓜 50 克，肉末 20 克，香菇 1 个。

调料 盐、姜末、生抽、香油各少许。

做法

1. 冬瓜去皮，去内瓤，冬瓜肉剜成冬瓜球。

2. 将香菇洗净，切成碎末；将香菇末、肉末、盐、姜末混合并搅拌成肉馅，然后揉成小肉丸。

3. 将冬瓜球和肉丸码在盘子中，上锅蒸熟，滴 1 滴生抽、1 滴香油调味即可。

宝宝护理全解说

宝宝出水痘怎么办

发病的原因和症状

水痘是在宝宝幼儿期常见的一种疾病，传染性非常强，是由水痘病毒引起的，会破坏宝宝体内很多营养成分。通常有2~3周的潜伏期，在晚冬和春季发病率最高。开始时会出现一两个红色米粒大的发疹，半天到第二天就遍及全身，并变成水泡的形态。一两日后变成发白、有浑浊液体的脓包，瘙痒难耐。有的宝宝会有轻度的头痛、发烧。容易引发口腔溃疡，进食时宝宝会感到疼痛。

饮食护理

宝宝如果食欲不佳的话，应该准备无刺激性、容易消化的食物。

增加柑橘类水果和果汁，并在宝宝的食物中增加麦芽和豆类制品，有助于减轻宝宝的水痘病症。

饮食禁忌

别让宝宝吃温热、辛辣、刺激性强的食物，如姜、蒜、韭菜、洋葱、芥菜、荔枝、桂圆、羊肉、海虾、海鱼、酸菜、醋等，也不要让宝宝吃过甜、过咸、油腻的食物及温热的补品。

纠正宝宝吸吮手指的行为

1. 对已养成吸吮手指习惯的宝宝，应弄清原因。如果属于喂养不当，首先应纠正错误的喂养方法，克服不良喂哺习惯，使宝宝能规律进食，定时定量，饥饱有度。

2. 要耐心、冷静地纠正宝宝吸吮手指的行为。切忌采用简单粗暴的方法，不要嘲笑、恐吓、打骂、训斥宝宝，否则不仅毫无效果，而且一有机会，宝宝就会更想吸吮手指。

3. 最好的方法是满足宝宝的需求。除了满足宝宝的生理需求，如吃、喝、睡眠外，还要给宝宝一些有趣味的玩具，让他可以更多地玩乐，分散对固有习惯的注意，保持愉快的情绪，使宝宝得到心理上的满足。

4. 从小养成良好的卫生习惯，不要让宝宝以吸吮手指来取乐。要耐心告诫宝宝，吸吮手指是不卫生的。

宝宝吃手指有的时候是一种不自觉的行为，这和爸爸妈妈的关注度不够是有关系的，可以让宝宝的手里有玩具，这样宝宝就不会吸吮手指了

说话晚不用过分担心

即使宝宝到了第11个月还不说话，也不用过于担心。只要宝宝能够理解、听懂别人的话，他早晚都会说话，只是起步比别人稍微晚一点儿而已。在这个时期，较晚学会说话的宝宝也能按照妈妈的指示行动，而且能用各种肢体语言回答妈妈的话。为了刺激宝宝说话的欲望，父母应该经常跟宝宝说话，并对宝宝进行仔细观察。

如果叫名字宝宝也不回头，或者宝宝不喜欢玩能够发出声音的玩具，那父母就应带宝宝去医院检查。

宝宝TIPS

宝宝刚刚学话时，一般都先从象声词开始。比如，见到汽车就说"呜呜""嘟嘟"，见到小狗就说"汪汪"等。

根据宝宝学话时的这些特点，多给宝宝念画册、讲有趣的故事，不仅能使宝宝尽快学会说话，还有助于宝宝掌握丰富的词汇。

宝宝便秘解决办法

便秘的原因

1. 没有养成定时排便的习惯，导致粪便在肠内干结，不易排出。

2. 摄入的食物过少或缺乏纤维素，导致肠道刺激少，蠕动减弱。

3. 排便姿势不当，或经常使用开塞露通便等，也可造成直肠反射敏感度降低，引起便秘。

便秘的护理

1. 适当增加宝宝的活动量，有助于体能消耗，促进胃肠蠕动，推动排泄。

2. 将手掌平放在宝宝的肚子上，自右下腹向上绕脐按顺时针方向轻轻按摩10多次，每晚睡前进行一次。

3. 对大便数天未解、按摩后也不能立即排便的宝宝，可先用开塞露来帮助排便。

便秘的预防

1. 让宝宝养成规律的排便习惯。

2. 宝宝的饮食一定要均衡，五谷杂粮和各种水果蔬菜都应摄入，不能偏食，以促进胃肠蠕动，使排便顺畅。

3. 保证宝宝每天有一定的活动量。

婴语小词典

不喜欢换衣服

宝宝自述：换衣服好麻烦，又要伸胳膊，又要伸腿，而且穿了一层还有一层，我一点儿也不喜欢换衣服。可是妈妈却非常喜欢给我换衣服，衣服脏了要换，衣服湿了要换，睡觉了要脱，睡醒了要穿，真讨厌。

婴语解析：宝宝早就会配合妈妈穿衣服了，但这并不代表宝宝喜欢换衣服。如果你在宝宝玩游戏的时候换衣服，或者是给宝宝穿的衣服不舒服，宝宝就会很反感，再加上妈妈硬逼着宝宝换衣服，宝宝的厌恶程度就会更加强烈。

育儿专家怎么说：妈妈要有策略地诱导宝宝，让他变得自己主动想换衣服。妈妈可以装作自己来穿的样子，"这件漂亮衣服给妈妈穿吧？"从而激发宝宝换衣服的愿望。只要宝宝表现出想自己穿的意愿，就要马上夸奖宝宝，并且顺势帮宝宝把衣服换上。

不同季节的护理

春季：预防疾病很重要

春天气温开始回升，宝宝这个时候却开始生病了，很多的妈妈不理解，宝宝一整个冬天都好好的，为什么到了春天就感冒了呢？其实主要原因是妈妈为了让宝宝不受严寒的侵袭，一直让宝宝待在温暖的屋里，免受寒气的伤害。到了春天，尽管温度要比寒冬的温度高，但气温还是很低的，这个时候带着宝宝到户外去活动，很容易导致宝宝感冒、发烧、咳嗽等。

春季感冒的宝宝多起来了，爸爸妈妈一定要注意防病，尤其是病毒性感冒，这个时候想要预防宝宝生病，最好的方法就是多带着宝宝到户外去活动活动，通过抗寒锻炼，增强宝宝身体的抵抗能力。

夏季：保护肠胃防磕伤

宝宝的肠胃不适合吃冷食，所以放在冰箱的东西不要喂给宝宝吃。一到了夏天，家里的空调风扇都会转个不停，妈妈要注意这个时候不要让冷风吹到宝宝的肚子，也不要让宝宝在很凉的地面坐着。

夏天宝宝穿的衣服都很少，这个时候宝宝有的可以自己站一会儿了，能力强的宝宝甚至可以往前迈几步，这样宝宝受伤的机会也就增多了，妈妈可以给宝宝穿上薄的半长的裤子，这样可以起到一定的保护作用。

秋季：及时增减衣物，防秋季腹泻

秋季早晚凉，中午温度较高，气温变化比较大，冷热不均的环境很容易造成宝宝感冒，爸爸妈妈要及时给宝宝添减衣物。秋季气温开始干燥，要多给宝宝补充水分，也要保持室内湿度。不要太早给宝宝加衣服，这样对于宝宝的健康很不利，只要在气温低的时候适当加一件小衣服就行。只要爸爸妈妈还在穿着短衫短裙，宝宝就没必要穿长裤。

秋季腹泻仍然是爸爸妈妈要注意预防的，只要是宝宝出现了腹泻，就要及时采取措施。只要养成良好的卫生习惯，随着宝宝的年龄的增长，身体的抵抗力的增强，宝宝生病的概率也就会降低。

冬季：坚持户外活动，注意取暖安全

妈妈不要认为宝宝受不得半点寒冷，其实，现在的宝宝更应该每天在户外活动，进行抗寒训练，天气好的时候可以让宝宝在外面玩1个小时，最好是每天都能够让宝宝到户外呼吸呼吸新鲜的空气，这样可以提高宝宝呼吸道抗寒的能力和抵抗病毒侵袭的能力。

北方冬天开始使用取暖设备，有的家里暖气片特别烫，这个时候尤其注意不要让宝宝触碰热的暖气片，使用电暖气的时候也要注意放在宝宝碰不到的地方。不要给宝宝用电褥子取暖，要是害怕宝宝冷，妈妈可以将宝宝抱在怀里，这是最安全的取暖方式。

益智游戏小课堂

小手翻翻翻 | 精细动作能力

目的： 锻炼宝宝的精细动作能力。

准备： 一本宝宝喜欢的图画书。

妈妈教你玩：

将宝宝抱坐在妈妈腿上，拿出图画书。妈妈带着宝宝翻着，每翻一页就用手指着这一页的图画给宝宝进行讲解。看书时，鼓励宝宝学着妈妈的样子自己翻书。

爱心提醒

　　刚开始宝宝还不会一页一页地翻，可能会一下子翻好多，这也是很大的进步，要多鼓励宝宝，多做些尝试，宝宝就会越做越好了。

大家一起玩 | 社交能力

目的： 宝宝在相互交换和分享玩具的游戏中，能感受到有伙伴的快乐，能够学着
如何与伙伴交往。

准备： 玩具。

妈妈教你玩：

1. 天气好的时候，带着宝宝和玩具到户外的草坪上，和其他的宝宝一起玩，告诉宝宝"我
们去和哥哥姐姐一起玩了"。

2. 在玩耍中，妈妈要让宝宝拿着玩具和大家一起玩，"宝宝，让哥哥姐姐帮你开小车，
宝宝的小熊给哥哥姐姐玩一会儿，好吗？"宝宝和伙伴们都会互相看各自不同的玩具，
有时还会动手抢玩具。

爱心提醒

宝宝们在一起，难免有争执，妈妈不要
过分阻止宝宝们，要先让他们用自己的方法
解决"争端"。如果不能改善，再从中调解。

肠道给妈妈的信

——解读宝宝的便便和屁屁

亲爱的爸爸妈妈：

你们好！

你们知道吗？我是你们最亲宝宝的肠道。正常人体的肠道中有数亿个细菌，其中99%都是对人体有益的益生菌。如果缺少了益生菌的保护，人们就容易受到另外1%致病菌的伤害。

胎宝宝在妈妈的子宫中，处于无菌的状态，生活了9个多月。出生后，宝宝的肠道也需要一个从无菌到有正常菌群的建立过程。这个过程中比较容易出现各种各样的状况，宝宝也就会随之出现各种反应。

但是，你们也别太着急，我知道你们没有透视的眼睛，看不到我。放心，我会把这些状况用一些信号告诉你们的。这些信号就包含在宝宝的便便和屁屁中，别嫌臭，它们可是能反映宝宝健康信息的哦。

此致

敬礼

宝宝的肠道

便便

宝宝大便的次数和质地常常反映其消化功能的情况。母乳喂养的宝宝大便呈金黄色，有酸味；人工喂养的宝宝大便呈淡黄色，较臭；混合喂养的宝宝大便与人工喂养的相似，但较黄、软。一旦大便的质地、色样和次数与平时有异样，妈妈们就要提高警惕了。

红色信号

当宝宝的大便出现以下状况时，就是肠道在报警了，快带宝宝去医院吧：

蛋花汤样大便：如果宝宝的大便像蛋花汤就麻烦了。要知道病毒性肠炎和致病性大肠杆菌性肠炎的小宝宝常常出现蛋花汤样大便。

豆腐渣大便：小心，这可能是霉菌引起的肠炎。

水样大便：一旦宝宝的大便不是拉出来的而是"喷"出来的，毫无疑问，肯定是腹泻了。这种水样大便多见于食物中毒和急性肠炎。

鲜红色大便：血便说明有地方破了，也说明宝宝的肠胃疾病比较严重。不过血便也分为多种情况：如果大便像黏液一样浓稠，且含有鲜血，宝宝可能得了细菌性痢疾、空肠弯曲菌肠炎，需要去医院给宝宝开药；如果大便是像洗肉水那样并有特殊的腥臭味，很可能是急性出血性坏死性肠炎；如果血色鲜红不与粪便混合，仅黏附于粪便表面或于排便后有鲜血滴出，提示为肛门或肛管疾病。不过还有一种可能，就是宝宝之前吃了西红柿或西瓜，那妈妈就可以放心了。

黄色信号

以下信号是肠道在提醒爸爸妈妈，要注意宝宝的饮食搭配：

泡沫样大便：如果宝宝吃的淀粉或糖类食物过多，肠道中的食物过度发酵，大便就会呈深棕色带有泡沫的水状。

奇臭难闻大便：闻到臭味了吗？肯定是爸爸妈妈给宝宝吃的好东西太多啦！含蛋白质的食物摄入过多中和胃里的胃酸，从而降低胃液的酸度。消化吸收不充分，再加上肠腔内细菌的分解代谢，大便往往奇臭难闻。

绿色大便：若大便呈绿色，粪便量少，黏液多，说明宝宝饿了。此外，有些吃配方奶的宝宝大便都呈暗绿色，是因为配方奶中加入了一定量的铁质，这些铁质经过消化道，并与空气接触后，就呈现为暗绿色。

屁屁

听到宝宝连续不断的放屁声，有的妈妈会担心地找医生，而有的妈妈则会高兴地说："下气通是好事！"那么，宝宝放屁到底好不好？实际上，具体问题要具体分析。

崩出便便的屁：6个月以前的宝宝常拉稀便，有时放屁会带一点便，对此妈妈们不用过多担心，到便便形成后，这种现象会逐渐消失。

臭屁：如果宝宝吃母乳，而妈妈吃大量的花生、豆类或产气的蔬菜都会导致宝宝放屁多。不过，人工喂养的宝宝如果选用了不合格或超出年龄段的奶粉，也会引发消化不良，肠道内堆积未消化的食物，发酵气体就会增多，而且味臭。

需要注意的是：如果臭屁伴随宝宝的腹泻和哭闹，很可能是腹部受凉，或是吃了不洁的食物，应及时就医。

无味的正常屁：多数6个月内的宝宝放屁间隔的时间都比较短。有时候还会放"连珠炮"，这其实很正常。在肠道菌群建立的过程中，肠道内因分解食物而产生气体比较多时，宝宝的屁屁就会增多。这时候宝宝如果没有异常表现，就算屁屁比较多，妈妈也不用担心。

一放屁就哭：有的宝宝在放屁的时候总爱哭，身子扭动，表现出很不舒服的样子，而且放出来的屁有一股酸臭味。这可能是喂奶过多、过稠或选用不合适的奶粉造成的，应加喂温开水，并严格选用适龄奶粉和品牌可靠的奶粉。

无屁：有时，宝宝会几天不放屁，这其实也有隐患。如果不放屁也不拉便便，并尖声哭闹，往往提示宝宝患有肠梗塞，应尽早治疗。

第 45~48 周（12 个月宝宝）

模仿小狗"汪汪"叫

我现在很喜欢模仿爸爸妈妈的动作，也喜欢模仿一些好玩的声音，有一天妈妈抱着我，我看到邻居家的小狗在"汪汪"叫，回到家我也学着那样跟妈妈叫，把家里人都逗乐了。

妈妈育儿备忘录

1. 断奶后要合理膳食，科学喂养，多摄取富含B族维生素的食物，以免宝宝厌食。

2. 适当给宝宝吃点较硬的食物，如馒头片、饼干等。

3. 多与宝宝玩一些图形、数字游戏，提高宝宝的思维能力。

4. 让宝宝多接触外界，提升宝宝的交际能力。

5. 让宝宝学习配合穿脱衣服，并配合洗浴。

6. 教宝宝搭积木、玩套版，促进手的动作能力的发展。

7. 教宝宝认识颜色、形状、图片，学涂鸦，辨大小。

8. 教宝宝涂涂抹抹、认颜色；教宝宝竖起食指表示"1"；训练宝宝听到2~3种事物名称，就能指认的能力。

9. 教宝宝用点头或摇头表示意见。

10. 教宝宝学走路，并注意避免受伤，学步时要避免发生脱臼、避免造成O型腿或扁平足等。

11. 在家中的危险处安装防护栏，给可能伤害宝宝的物品或抽屉加装措施。

宝宝成长小档案

	男宝宝	女宝宝
体重	7.9~12 千克	7.2~11.3 千克
身高	69.6~80.2 厘米	67.5~78.7 厘米
运动能力发展	会用爬的方式上楼梯 会拿一支笔在纸上乱画	
心智发展	会学小猫、小狗的叫声 对图画书越来越感兴趣	
感官与反射	会逗大人开心，能很清楚地表达自己的情感	
社会发展	能分得清生人和熟人，见到熟悉的人会很高兴，如果有陌生人要抱，会哭闹	
预防接种	乙脑减毒活疫苗：出生后 12 个月第 1 次接种	

宝宝发生的变化

开始学习走路

宝宝能熟练地爬行，平稳地坐下来，而且能够抓住身边的东西站起来。有些宝宝还能摇摇晃晃地走几步。不同的宝宝会有很明显的差异，有些宝宝 1 岁左右就能走路，而有些宝宝出生后 16 个月才学会走路。但是，学会走路与整体发育的快慢没有直接联系，因此即使宝宝走路较晚，也不用过于担心。对于想走路的宝宝，妈妈应该给予帮助和鼓励。

囟门开始闭合

宝宝刚出生时，囟门都是开着的，随着宝宝的成长，4~6 月后逐渐缩小，在周岁前后开始慢慢闭合，14~18 个月完全被头骨覆盖而消失。

能认识家里人

宝宝不仅能够认出爸爸妈妈，还能认出爷爷奶奶等经常见到的人。这是因为宝宝的记忆能力有了相当大的发展。有的宝宝还能认出两三天以前见过的人。

宝宝的营养中心

不准备给宝宝断母乳

很多妈妈准备在宝宝 1 岁以后就断掉母乳，所以从现在开始就应有意减少母乳喂养的次数。如果宝宝不主动要，就尽量不给宝宝喂了。但是，如果不影响宝宝其他饮食的摄入，也不影响宝宝的睡眠，妈妈还有奶水，母乳喂养可以延续到 1 岁半。

宝宝如果到了 1 岁还断不了母乳，只要逐渐减少母乳喂养次数，再过几个月，也能顺利断掉母乳。宝宝到了离乳期，就会有一种自然倾向，不再喜欢吸吮母乳。妈妈如果乳汁较少，有的不用吃断奶药，宝宝不吃了，乳汁自然就没有了；如果乳汁较多，还需要吃断奶药。

但是妈妈要注意断母乳并不意味着不喝奶了。配方奶是宝宝补充钙质和蛋白质的重要食物。所以，配方奶要一直喝下去，即使过渡到正常饮食，这个月宝宝还应该每天喝 400~500 毫升的配方奶。

宝宝 TIPS

世界卫生组织建议纯母乳喂养到 4~6 个月，6 个月之后添加辅食，并继续母乳喂养到 2 岁。所以完全断奶的时间最好是在 1~2 岁之间，而且断奶的时间要选择在春秋两季。

挑食的宝宝要注意补充营养

虽然我们提倡宝宝不偏食，但实际上偏食的情况很常见。为了保证偏食宝宝的营养，在矫正宝宝偏食的同时，要注意补充相应营养。不爱喝奶的宝宝，要多吃肉蛋类，以补充蛋白质。不爱吃蔬菜的宝宝，要多吃水果，以补充维生素。不爱吃主食的宝宝，要多喝奶以提供更多热量。便秘的宝宝要多吃富含膳食纤维的蔬菜和水果。

宝宝 TIPS

硒是人体必需的一种微量元素，对宝宝的智力发育起着重要的作用。硒在摄取时一定要适量，一旦过量，会干扰体内的甲基反应，导致维生素 B_{12}、叶酸和铁代谢紊乱，如果不及时治疗，会影响宝宝的智力发育。

逐渐过渡到以谷类为主食

宝宝现在的饮食规律为每日三餐主食，3 次奶，有需要还可以再加两次点心。1 岁以内依然是以奶类为主食，过了 1 岁之后就要让宝宝逐渐向以谷类为主食过渡。所以现在就要开始给宝宝做些米饭、小包子、小馄饨之类的辅食。需要强调的是，1 岁以后虽然是要逐渐过渡到以谷类为主食，但是奶粉还是要继续喝。

多吃些有益大脑发育的食物

木耳

含有脂肪、蛋白质、多糖类、矿物质和维生素等营养成分，是宝宝补脑健脑的佳品。

核桃

含有钙、蛋白质和胡萝卜素等多种营养，宝宝常食用有健脑益智的功效。

鲜鱼

含丰富的钙、蛋白质和不饱和脂肪酸，是宝宝的健脑食物。

杏

含丰富的胡萝卜素和维生素 C，宝宝多吃能改善血液循环，保证大脑供血充足，增强记忆力。

蛋黄

含有卵磷脂等脑细胞所必需的营养物质，宝宝多食能给大脑带来活力。

海带

富含人体必需的矿物质，如磷、镁、钠、钾、钙、碘、铁、硅、钴等，还含有牛磺酸，对保护宝宝的视力和促进大脑发育有很好的功效。

香蕉

含有丰富的矿物质，尤其是钾，宝宝常食用有很好的健脑作用。

大豆

含有卵磷脂和丰富的蛋白质，宝宝每天吃一定的大豆或大豆制品，能增强记忆力。

营养
百分食谱

补充钙质

水果蛋奶羹

材料 苹果、香蕉、草莓、桃子各 20 克，配方奶 200 毫升，鸡蛋 1 个。

调料 白糖 10 克。

做法

1. 将桃子、苹果分别洗净，去皮，去核，切小丁；草莓洗净，切丁；香蕉去皮，切小丁；鸡蛋打散。

2. 将配方奶倒入锅中煮至略沸，加入苹果丁、桃子丁、草莓丁、香蕉丁煮 1 分钟，淋入蛋液，稍煮，再加少许白糖调味即可。

宝宝护理全解说

给宝宝穿便于走路和活动的衣服

由于宝宝的活动非常频繁，所以要穿便于活动的衣服。周岁前后，宝宝与大人们穿得差不多就行了。活动量大容易多出汗，因此要经常替换内衣，保持清洁。宝宝的成长比较快，所以，在挑选衣服时，往往要挑选尺寸大一些的衣服。如果袖子或裤腿太长，可以挽起来，以便宝宝活动时不受影响。

不会走路的宝宝，穿的衣服应该和大人在安静状态下感觉舒适时所穿的衣服一样厚薄。如果宝宝已经会走会跑了，就要比大人少穿一件。

宝宝TIPS

在天气变化大的春秋天里，最好准备一件穿脱方便的马甲，早晚穿着，午间脱掉，以适应一天里较大的温差。

妈妈可以根据天气预报、气温变化和感觉给宝宝添减衣服，以宝宝不出汗、手脚不太凉为宜。

纠正含着奶嘴睡觉的习惯

在这个时期，应该纠正宝宝含着奶嘴睡觉的习惯，因为这样很容易形成蛀牙。平时，应该慢慢地哄宝宝入睡，而且要用杯子喂奶。如果经常喂牛奶，宝宝就会不喜欢吃其他食物。另外，巧克力、糖等甜食会影响食欲，应尽量不喂。

在这个时期，宝宝开始有了独立的意识，即使妈妈在身旁，也会独自玩耍。独自吃饭、独自走路的训练，能够培养宝宝的独立性。过分地干预，反而会妨碍宝宝的正常发育，而且不能过于害怕"宝宝危险"，应该耐心地观察宝宝的行为。另外，应该让宝宝体验失败，并且逐渐培养不怕失败、勇于挑战自我的性格。

培养按时吃饭、睡觉的习惯

从这个时期开始，应该重视培养宝宝吃东西和睡觉等基本的生活习惯。这时，即使宝宝还不能自己吃饭，也要让宝宝洗干净手，坐在一张高椅子上，围在桌边高兴地与家人一起吃饭。饭前不要让宝宝吃零食。吃饭时，家人要情绪愉快，表现出旺盛的食欲，带动并引导宝宝吃为他准备的各种食品，逐步培养宝宝良好的吃饭习惯。对于那些需要抱着睡觉或含着妈妈乳头睡觉的宝宝，更需要加强培养。睡觉之前给宝宝讲故事、唱歌或听音乐，是培养宝宝养成独自睡觉习惯的好方法。

宝宝养成良好的睡眠习惯，可以保证充足的精神

开始大小便的训练

宝宝到了 1 岁半左右已经能够表达大小便的意思，这时就可以开始培养大小便的习惯了。留心观察宝宝大小便的时间和当时的样子，以便在发现宝宝有想大小便的迹象时予以帮助。

在相同的时间和场所由相同的人帮助宝宝大小便，也是培养宝宝良好大小便习惯的方法之一。大小便时，如果给宝宝过分的压力，容易使宝宝产生压迫感，造成多尿或夜尿等现象。因此，要让宝宝在大小便时保持心情放松。

给宝宝穿袜子有益健康

1. 保持体温。宝宝的体温调节功能尚未发育成熟，当环境温度略低，摸宝宝的脚就会感觉凉凉的，如果给他穿上袜子，就能起到一定的保温作用，避免着凉。

2. 避免外伤。随着月龄的增长，宝宝下肢的活动能力会增加，常会乱动乱蹬。这样一来，损伤皮肤、脚趾的机会也就增多了，穿上袜子可以减少这类损伤的发生。

3. 清洁卫生。宝宝肌肤接触外界的机会多了，一些脏东西，如尘土等有害物质，可通过宝宝娇嫩的皮肤侵袭身体，增加感染机会，穿上袜子就能起到清洁卫生的作用，还能防止蚊虫叮咬。

如何应对宝宝认生

快满 1 周岁的宝宝认生应该会有所缓解，但是依然有很多宝宝还是很认生，见到陌生人就哭。能够区分熟人和生人，这也是宝宝认知能力的进步。我们允许宝宝一定程度上的认生。但是宝宝太认生或者认生太久也不好，会影响宝宝社会交往能力的发展。

爸爸妈妈要慢慢引导，让宝宝逐渐习惯和陌生人打交道。首先，在陌生人出现时，妈妈抱起宝宝直到他慢慢适应。另外，陌生人不要急于和宝宝熟悉起来，先和宝宝保持一定距离，然后再用玩具、食物等向宝宝示好，给宝宝一个接受你的过程。这也有助于帮助宝宝顺利度过认生期。

让宝宝学习起来、蹲下

第 12 个月，宝宝不但能站起、坐下，还能绕着家具走。在站立时，宝宝能够弯下腰去捡东西，也会试着爬到矮一些的家具上去。尽管这时宝宝走路还不太稳，但对走路的兴趣却很浓。这个时期，爸爸妈妈一定要加强宝宝走路的训练。

宝宝在最初扶物站立时，可能还不会坐下，这时爸爸妈妈要教他学会如何低头弯腰再坐下。

婴语小词典

喜欢爬高

宝宝自述：今天我把沙发垫拽到地上了，本来想叫妈妈把它们捡起来，可是我发现这些沙发垫好像很好玩。我一下子爬到垫子上面，坐到垫子上感觉比坐到地上看得远一些了，是不是我坐得越高，看得就越远呢？沙发好像更高，我得努力爬上去才行。可惜我还没爬上去妈妈就把我抱走了，妈妈说危险，危险是什么东西呢？

婴语解析：爬高是宝宝的兴趣所在，尤其是已经学会走的宝宝，他们的小腿更有力气了，所以也就更喜欢爬高了。

育儿专家怎么说：妈妈没必要制止宝宝爬高，免得伤害宝宝的自信心。不过在宝宝爬高时，妈妈不要离开宝宝一臂的距离，要将危险的物品收起来，拿走窗户旁边可以垫脚的物品，在地面上铺上厚垫子等，在保证安全的前提下，给宝宝充分的自由。

不同季节的护理

春季：户外活动亲近自然

每到春天，人们都会感觉到精神抖擞，喜欢到户外去运动。这个时候的宝宝也是一样，这是带着宝宝去外面玩耍的好时机。有条件的话，可以带着宝宝到远一点的地方或者是有树有草的地方去郊游，但是要注意外出的安全，也要备好宝宝出行的装备。

夏季：少吃冷饮、注意防晒

夏天我们都喜欢用冷饮来消暑降温，但对宝宝来说，宝宝的胃黏膜还十分娇嫩，经受不住过多冷饮的刺激，家里的大人在吃冷饮的时候，尽量不要给宝宝吃。

宝宝的皮肤娇嫩，夏天强烈阳光中的紫外线对于宝宝的眼睛伤害很大，所以宝宝外出的时候一定要注意防晒的措施。带宝宝出门的话最好是在阳光不强烈的时间段，给宝宝涂上儿童专用的防晒霜。

秋季：添加衣服要合适

秋季气温开始下降，但是一般都是早晚的时候天气比较凉，中午的时候还是很热的，这个时候妈妈要注意给宝宝增减衣服，可以避免宝宝感冒。

宝宝这个时候运动量大，容易出汗，妈妈要注意不要让宝宝在风口处吹风，也不要用电扇或者是空调来降温，最好是让宝宝先安静下来，擦干汗水，然后脱掉外面的一件衣服。

冬季：预防病毒性肠炎

在秋末冬初的时候，宝宝容易患上病毒性肠炎，所以这个时候妈妈一定要多注意。在肠炎流行的时期，不要带宝宝到公共场合，不要带宝宝到人多的地方去，更注意避免宝宝接触到患有腹泻的婴幼儿，发现宝宝有腹泻的情况，就要及时给宝宝补充水分和电解质，并去看大夫。

益智游戏小课堂

牵双手走步 | 大动作能力

目的： 让宝宝练习向前方迈步，为独立行走做准备。

准备： 无。

妈妈教你玩：

1. 妈妈分别拉着宝宝的两只手向前走。
2. 妈妈向前迈左脚，并引导宝宝也跟着迈左脚；妈妈向前迈右脚，同时引导宝宝也向前迈右脚。妈妈可以一边迈步一边数数。

爱心提醒

妈妈的动作不要太快，要有耐心。

时钟嘀嗒嘀 | 听觉能力

目的： 听自然而有节奏的响声，能让宝宝的听觉更灵敏，感受韵律的要求更强烈，也会让他发现更多生活中的声音，有助于提高宝宝的听觉记忆能力。

准备： 小闹钟。

妈妈教你玩：

1. 给宝宝准备一个可爱的、在正点会发出美妙声音的闹钟。让宝宝靠坐在沙发上，把闹钟放在宝宝的手中，妈妈给宝宝说儿歌：
   "小闹钟，真能干，嘀嗒嘀嗒爱唱歌。"
2. 当闹钟快走到整点时，妈妈要提醒聚精会神玩闹钟的宝宝："闹钟还会唱歌，告诉宝宝几点了。"当闹钟在整点响起时，宝宝会觉得相当有趣。

爱心提醒

　　注意闹钟的声音不要太大，不要伤害到宝宝的听力。

1 岁 宝 宝 的 总 结

1年很快就过去了，现在的宝宝已经从那个嗷嗷待哺的新生儿，成长为一个会爬、会站、会走、会表达意愿、会思考的幼儿，这个成绩是非常让人自豪的。看到这个小家伙每天都在进步，爸爸妈妈的所有辛劳都是值得的。

运动能力发育总结

▲有的宝宝已经会走路了，但大多数宝宝会更喜欢爬，那是因为爬行速度更快

▲宝宝会一边走路，一边试着做别的事情，例如向妈妈挥手或弯腰捡东西

▲如果有机会，宝宝喜欢在台阶上爬上、爬下

▲会用手把罐子上的盖子打开，还会再把盖子盖上

▲会把抽屉打开、关上，会将抽屉或玩具筐里的东西倒出来

▲可以一只手拿着东西，另外一只手做别的事情

▲可以用食指做出指东西的动作

▲可以用拇指、食指、中指一起把东西捡起来

▲喜欢自己吃饭

智力发育总结

▲可以把相似的东西放到一起

▲对小窟窿、能够转动的物体和各种开关充满了好奇

▲可通过名称辨别很多事物，包括身体部位、玩具、小动物等

▲可以通过反复尝试，通过试做来学习解决问题

▲记忆力越来越强，会找到藏起来的玩具

▲可以模仿出曾经在其他时间或地点看到过的动作

▲会用招手表示"再见"，会摇头，但往往还不会点头

▲会随儿歌、音乐做动作

▲已经具备了看书的能力，他们可以认识图画、颜色，指出图中所要找的动物、人物

与人交流能力总结

▲可以跟随大人的视线看到大人正在看的东西

▲和别人交流的时候，知道一来一往式的沟通方法

▲会用动作、眼神和声音来表达自己的需求

▲开始说话了，也反复尝试新的发音

▲咿咿呀呀说的短语听起来就像在说简短的句子

▲会自创一些"语言"去描述人或物

▲能模仿和说出一些词语，会用固定的语言表达固定的意思

▲能够对简单的语言要求做出反应

情感发育和社会交往能力总结

▲对身边亲密的家人和照料者有着很强的依恋

▲开始进入认生期了，害怕陌生人，害怕离开父母，害怕看到不熟悉的物体，来到陌生的地方也会让宝宝感到不安

▲开始表现出对某人、某种玩具、某个行为或者某种食物的偏好

▲能够理解其他人的情绪

▲开始对小朋友感兴趣，愿意与小朋友接近、游戏

喂养、睡眠、尿便总结

▲一日三餐，外加三顿奶，还可以增加两顿点心

▲逐渐由奶类为主过渡到以谷类为主，强调平衡膳食

▲循序渐进增加半固体和固体食物，以训练宝宝的咀嚼和吞咽能力

▲这个年龄段的宝宝晚上的睡眠时间在 10~11 个小时，每天上午、下午各睡一小觉，每次 1~2 小时

▲不用急于训练宝宝尿便，到 1 岁半再训练宝宝控制尿便都来得及

▲便秘的宝宝要多吃蔬菜，以补充足够的膳食纤维

1岁的宝宝现在会拍手欢迎、挥手再见、模仿小动物的声音，也能够听懂一些简单的话语

PART

2

1～2岁

快乐的成长期

第 49~60 周（13~15 个月宝宝）

迈出人生的第一步

　　我喜欢和爸爸妈妈做游戏，喜欢妈妈给我唱儿歌，喜欢爸爸给我讲故事，我最开心的是在爸爸妈妈的帮助下，我可以自己向前走了，这是我第一次走路，我感到好高兴啊。

妈妈育儿备忘录

1. 合理营养，均衡膳食。

2. 少吃过油、过甜、油炸、黏腻、刺激性的食物，以避免宝宝出现消化不良。

3. 训练宝宝大小便自理能力。

4. 让宝宝养成良好的睡眠和饮食习惯，理解宝宝的语言和动作，满足宝宝的正常要求。

5. 多创造一些刺激宝宝说话的环境，以锻炼宝宝学会更多的称呼。

6. 鼓励宝宝多走路，并多锻炼宝宝的动手动脑、观察能力等，刺激宝宝的脑部发育。

7. 鼓励宝宝做动手游戏，如搭积木、玩套版等。

8. 启发宝宝用语言来表达自己的要求，并教宝宝认识动物，学动物叫等。

9. 提供宝宝与同伴交往的机会，促进语言和社交能力的发展。

宝宝成长小档案

	男宝宝	女宝宝
体重	8.1~12.4 千克	7.4~11.6 千克
身高	70.7~81.5 厘米	68.6~80 厘米
运动能力发展	走路不再摇摇晃晃 能够搭起两块积木，会把手指伸到小孔中，会自己拿勺吃饭	
心智发展	会用表情、动作和简单的语言表达完整的意思 能听懂更多的语言，能认识更多的事物	
感官与反射	味觉很灵敏，对不同的气味有不同的反应	
社会发展	主动与外界交流，遇到从未见过的陌生人，宝宝会很警觉地向后躲，但是宝宝会观察陌生人，如果陌生人表示出友好，并且能和宝宝做游戏，宝宝会很快和陌生人熟悉起来	

宝宝发生的变化

咀嚼能力加强

宝宝已经满 1 周岁了。相对于宝宝身高的增长速度，体重的增长明显变得缓慢了，不过精细动作能力和手眼协调能力都有很大进步。而且宝宝的咀嚼能力更强了，固体食物完全可以给宝宝吃。不过宝宝这个时候生病的可能性依然很大，虽然不会有什么大毛病，但是家长也要注意好好护理。

手脚更加灵活了

14 个月的宝宝手脚更加灵活了，而且也越来越机灵，就像一个小精灵，渴望和爸爸妈妈有更多的交流。这个月宝宝的身高、体重看起来好像都没怎么长，大脑袋也没有什么变化了，但你会发现，前两个月买的衣服现在穿居然短了，而且抱着宝宝走一段路明显比以前累了。这些都证明宝宝一直在成长。

自主性越来越强

可能你还没做好心理准备，宝宝就已经长成大宝宝了。自从学会走路之后，宝宝的自主性越来越强了，他想要去哪儿，想要做什么都由他自己决定。而宝宝现在对"危险""脏"这些概念还不清楚，他很难理解为什么大人会经常制止他。这就需要大人用宝宝能听懂的语言去解释。现在你要做的不仅是保护宝宝身体健康，更要呵护宝宝的心灵。

宝宝的营养中心

逐渐减少母乳喂养量

1 岁以后的宝宝也可以喂母乳，但最好在不影响辅食的基础上作为补充食物来喂。宝宝如果不愿意吃辅食，只想吃母乳时，应渐渐减少母乳的量。调整授乳的时间，减少白天授乳，一天喂 1~2 次奶就可以了。

可以咀嚼吞咽食物了

12 个月以上的宝宝开始长出臼齿，发育快的宝宝已经长尖牙了。宝宝长出臼齿后就能正式咀嚼并吞咽食物，一日三餐都可以和爸爸妈妈一起在餐桌上吃，但最好再喝几百毫升的奶。

宝宝TIPS

块状食物切碎后再喂

即使宝宝能够熟练地咀嚼并吞食食物，但是块状食物还是不太安全，容易因吞食而引起宝宝窒息。

给宝宝吃块状食物时，一定要切碎了再喂。比如，水果可以切成厚 5 毫米以内的条状，让宝宝拿着吃；像肉一样质韧的食物，应切碎；应等熟透后再让宝宝食用；一些滑而容易吞咽的食物，则应捣碎一些后再给宝宝食用。

挑选味淡而不甜的食物

1 岁的宝宝可以吃稀饭，也可以吃大人吃的大部分食物。但是在喂的时候，应选择味淡而不甜的食物，并做成宝宝容易咀嚼的软度和大小。宝宝到 16 个月时，可以无异常地消化软饭，还可以吃米饭，而且对以饭、汤、菜组成的大人食物比较感兴趣，但还不能直接喂其大人吃的食物。

宝宝的饭菜尽量少调味

宝宝 12 个月后可以适量喂用盐、酱油等调味的食物，但 15 个月之前还应尽量喂清淡的食物。材料本身已经含盐和糖的，则没必要再调味。

宝宝的健康饮食

1 岁多的宝宝已经能够一日三餐和大人一起吃了，每天还能喝几百毫升的奶，这个时候即使已经断奶了，宝宝也不会因为不吃母乳而出现营养不良等情况。

饮食多样化

宝宝现在已经能吃很多食物了，因此要保证每天饮食的多样化，五谷、蔬菜、肉、蛋、奶、水果等都需要吃。五谷主要为宝宝提供热量和 B 族维生素，肉蛋奶为宝宝提供足够的蛋白质、脂肪，蔬菜、水果主要为宝宝提供维生素、矿物质和膳食纤维。

不要给宝宝喝饮料

如果宝宝不喜欢喝水，妈妈会想当然认为饮料也是液体，饮料可以替代水。这种观念是错误的，不管是什么饮料都不适合宝宝喝。各种饮料中都含有较高的糖分以及各种添加剂，对宝宝有害无益。另外，总是用饮料代替水也是导致宝宝不爱喝水的原因。其实，宝宝渴的时候，只要你不提供他饮料，他就会选择喝水的。

给宝宝准备营养早餐

1. 主食应该以谷类食物为主，如食用馒头、包子、面条、面包、蛋糕、饼干、粥等，要注意粗细搭配，有干有稀。

2. 荤素搭配。早餐应该包括奶、奶制品、蛋、鱼、肉或大豆及其制品，还应安排一定量的蔬菜。

3. 奶加鸡蛋不是理想的早餐。奶和鸡蛋都富含蛋白质，但碳水化合物的含量较少。因此，早餐除奶和鸡蛋以外，必须添加馒头、面包、饼干等食物，这样才能保证营养均衡。

宝宝TIPS

可能出现厌食现象

相比较之前，宝宝的食量不但没有增加，还有所下降，甚至出现了厌食的现象。这和宝宝第三四个月可能出现的厌奶现象类似，是因为这段时间添加饭菜导致宝宝的肠胃疲劳，需要调整一段时间。

在这期间宝宝会更偏爱喝奶，这也没什么问题，配方奶足以提供足够的营养，过了这段厌食期，宝宝就会重新爱上吃饭的。

让宝宝快乐用餐

很多家长恐怕孩子营养不足，总是嫌孩子吃得少。宝宝肯定知道饱和饿，如果宝宝不饿，他自然就不愿意吃。如果爸爸妈妈经常强迫宝宝吃东西，久而久之吃饭就成了一种负担，宝宝会更加抵触吃饭这件事。

想要让宝宝爱上吃饭，除了不强迫宝宝进食外，还要鼓励宝宝自己吃饭。给宝宝准备一个小餐椅，让宝宝自己拿勺吃饭，自己拿杯子喝水，可以用手拿的食物让宝宝自己拿着吃。宝宝喜欢自己做事情，越早鼓励宝宝自己吃饭，宝宝对吃饭的兴趣就越大。

宝宝TIPS

在餐桌上不要总是干扰宝宝，不要这也不能碰，那也不能拿，这样也会伤害宝宝对吃饭的兴趣。要将宝宝不能吃的东西以及太烫的食物放到宝宝够不到的地方，剩下的就随宝宝去吧。刚开始学吃饭肯定会弄得哪儿都是饭菜，等宝宝逐渐掌握了进餐技巧就好了。

自己吃饭就是香

营养
百分食谱

补充维
生素

水果豆腐

材料 嫩豆腐 30 克，草莓 15 克，橘子瓣 3 个，番茄 15 克。

做法

1. 豆腐放入开水中煮熟，捞出。
2. 草莓洗净，去蒂，切碎；橘子瓣去核，切碎。
3. 番茄洗净，去皮，去籽，切碎。
4. 将豆腐、草莓碎、橘子碎、番茄碎倒入碗中，拌匀即可。

宝宝护理全解说

怎样预防宝宝出鼻血

1. 由于春季儿童容易出鼻血，因此宝宝活动的时候，妈妈要注意看护好，避免鼻外伤；如果宝宝有春季出鼻血史，可以服用金银花、菊花、麦冬等加以预防，还可以在鼻腔内均匀地涂抹香油，以滋润鼻黏膜。

2. 鼻孔内发痒，宝宝会用手去挖，这样就可能导致流鼻血，因此要注意。

3. 一旦发生出鼻血，让宝宝站立或坐下，头向前倾，捏住宝宝鼻翼上方一会儿，把消毒棉塞入鼻孔。躺卧，把毛巾用冰水打湿后拧干，冷敷额头到鼻子的部位。

宝宝TIPS

出鼻血饮食护理方法

1. 纠正宝宝偏食的习惯，让宝宝全面均衡地摄取营养，多吃富含维生素、矿物质的新鲜水果和蔬菜，如番茄、芹菜、萝卜、莲藕、荸荠、西瓜、雪梨、枇杷、橙子、橘子、山楂等。

2. 不要让宝宝吃容易导致上火的辛辣、煎炸食品。

正确应对宝宝耍脾气

宝宝的自我意识越来越明显，很多情况下，如果爸爸妈妈不能满足自己的意愿，宝宝就会发脾气。不只会哭闹，有的甚至还会坐在地上要赖。面对这种情况，很多家长都会觉得头痛，不知该怎么办好。

正确的处理方法

这种情况下，让宝宝冷静下来最重要。妈妈可以把宝宝抱在怀里，但是不要说话也不要拍着哄宝宝，要严肃一些。如果宝宝的哭闹有点缓和了，那就拍拍宝宝。一直到宝宝停止哭闹了，你再看着宝宝，告诉他："哭闹是不对的，因为你的要求不合理，所以妈妈才不答应你。哭闹也是没有用的，妈妈希望你以后不要再这样了。"

看到宝宝哭闹，妈妈很难做到冷静地处理，但是只有冷静处理的办法才是最有效的，也可以避免宝宝养成用哭闹来达到自己目的的习惯。

防止宝宝发生意外事故

摔伤、砸伤、划伤

床上、沙发上、窗台上、楼梯上、玩具车上掉下来；地板有水打滑摔伤；撞倒柜子砸伤；撞到桌角磕伤；开关抽屉、开关门把手夹伤；玩刀子、剪子，宝宝都会因此受伤。

烫伤、烧伤

玩热水壶、煮饭锅、热水器、热熨斗、打火机；或者把桌布拽下来，将饭桌上刚做好的热饭、热菜拽掉等都有可能造成宝宝烫伤、烧伤。

电、煤气

不小心摸了没有安全盖的电插座口，或者把电线拽掉，或者把煤气开关打开，这都是非常危险的事情。

误吞、误食

玩具的小零件、小螺丝、烟头、扣子等小物件都有可能被宝宝吃到嘴里；糖块、花生、瓜子、果冻等食物都有可能把宝宝呛到或者噎着，宝宝还可能将这些小东西塞到鼻孔或者耳朵里。另外各种药片、洗衣液、洗手液、消毒液，甚至一些有毒的东西，如果被宝宝吃进去，后果不堪设想。

来自宠物、花草的危险

有宠物的家庭，要更加警惕，一方面避免宝宝被咬，另一方面也要尽量远离宠物，免得感染寄生虫等疾病。如果家里养花草，则要注意是否有毒、有刺，免得伤害宝宝。

溺水事故

不要让宝宝独自接近家里装满水的盆、桶、浴缸、鱼缸等，带宝宝到户外玩耍，要远离河、井等地方。

宝宝在玩耍的时候，妈妈要注意清除周围的危险因素，让宝宝快乐安全地玩耍

交通事故

带宝宝外出要走安全的地方；如果是用自行车带，要安装结实的安全座椅、系牢安全带，还要避免宝宝的脚伸到车轱辘里；如果是坐汽车，要坐在汽车的后排，并且要准备儿童安全座椅。如果是坐公交车，要扶好、坐好。

正确表扬宝宝的要点

1. 表扬及时，趁热打铁。一旦宝宝出现好的行为，要及时表扬，越小的宝宝越要如此。

2. 表扬的内容应该是宝宝经过努力才能做到的事情。比如，表扬一个6岁的宝宝自己会吃饭，意义甚微，而在学走路的过程中，给予"宝宝会迈步了，真棒"这样的表扬，比较有针对性。

3. 要夸具体，夸细节。不要总笼统地说"宝宝真棒"。要让宝宝知道自己为什么得到了表扬，哪些方面做对了，好在哪里，宝宝才能从中受到启发。

4. 表扬的时候不要许诺一些做不到的事情。否则，久而久之，宝宝就会不信任你，对你的表扬不会很珍惜。

如何应对宝宝热感冒

夏季，由于频繁出入空调房，室内外温差比较大，宝宝很容易感冒。症状比较轻的会出现流清鼻涕、鼻塞、打喷嚏、轻度咳嗽，症状比较重的可能会出现发烧、怕冷、头疼、乏力、不爱吃饭等。

夏天室温要保持在26~28℃，不要让室温过低。给宝宝多喝温开水，尤其是发烧的宝宝，更要多补充水分。

宝宝感冒时往往会出现消化功能紊乱，消化酶减少，因此要让宝宝吃些清淡、易消化的食物。

给宝宝吃一些富含维生素 C 的蔬菜汁果，比如番茄、猕猴桃等。维生素 C 可以提高抵抗力，帮助感冒痊愈。

保证宝宝充足的睡眠，感冒时好好休息也有助于缓解病情。

不要轻易去医院，避免出现交叉感染。

当宝宝发烧时，要通过物理方法帮助宝宝散热，可以用温湿毛巾放在宝宝的额头、颈部、腹股沟处

不同季节的护理

春季：不要太早脱去冬衣

民间有句俗语叫"春捂秋冻"，在春天的时候，不要着急给宝宝脱去厚棉衣，要看天气的情况，春天气候多变，及早换衣服可能会让宝宝不能够适应。

夏季：经常洗澡，注意饮食卫生

夏季宝宝容易长痱子，单纯涂痱子粉并不能够彻底预防，最好的方法就是给宝宝经常洗澡，宝宝出汗多，水分流失比较大，所以也要多给宝宝补充水分。

夏天肠炎发病率高，妈妈尤其要注意宝宝的饮食卫生情况，不要给宝宝吃剩饭剩菜，不给宝宝喝生水，吃瓜果蔬菜的时候，清洗干净之后再用清水泡一段时间再给宝宝吃。夏天宝宝的食欲会受到影响，可能会吃得比较少，妈妈不要着急，等到了天气凉了之后就会好的。

秋季：适时加衣，预防腹泻

秋天通常都是早晚凉、中午的时候热，这个时候妈妈要注意随着气温的变化给宝宝增减衣服，而且不要过早地给宝宝穿上厚衣服。

秋季腹泻是轮状病毒感染，抗菌素对于治疗秋季腹泻是没有作用的，还会导致宝宝的肠道菌群失调，加重宝宝的腹泻。

冬季：预防呼吸道疾病

很多的妈妈在冬季刚刚到来的时候，就早早地给宝宝披上了棉衣，这样其实不利于宝宝的健康。最好是能够让宝宝的逐渐地适应慢慢变冷的气温，帮助宝宝进行抗寒训练。

冬天是婴幼儿呼吸道疾病高发的时节，妈妈要注意不要带宝宝到人多空气不流通的地方去，宝宝生病了也尽量不要去大医院诊治，尽量减少受感染的机会。

益智游戏小课堂

玩积木 | 创新能力

目的： 锻炼宝宝动手能力和创新能力。

准备： 大块积木。

妈妈教你玩：

妈妈和宝宝一起坐在地板上，准备一些大块的积木，妈妈和宝宝一起玩搭积木的游戏。妈妈可以给宝宝示范怎样将积木搭起来，但是妈妈不要过多地干预宝宝。让宝宝按照自己的想法去搭积木，不管怎么做，只要宝宝开心就好。

爱心提醒

宝宝喜欢将搭起的积木推倒，这不是在淘气，而是在进行新的体验和探索。

小手和小脚丫 | 理解能力

目的： 宝宝从中可以感受到不同的形状和一一对应的关系，从而展开对自己小手
和小脚的想象。

准备： 彩色纸、彩笔。

妈妈教你玩：

1. 将彩色纸铺在地上，让宝宝把两只小手或小脚放在彩纸上，用彩笔勾出轮廓。

2. 将这些轮廓剪下来，形成手和脚的形状，可以多剪一些。

3. 教宝宝用自己的小手和小脚去触碰地上的小手和小脚图案，看看哪个能对上。

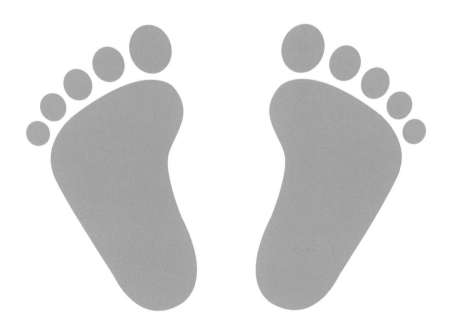

宝宝假期出行旅游攻略

爸爸妈妈难得在工作之余有个长假可以好好休息一下，自然是想要出去旅游开阔一下眼界，放松一下心情，但是现在的爸爸妈妈可不能像以前那样说走就走，身边的小宝宝可是第一次准备出远门，爸爸妈妈一定要做好充足的准备哦。

交通工具旅游攻略

现在大家出门旅游搭乘的交通工具多种多样，不同的交通工具，妈妈要有不同的应对措施。在乘坐交通工具的时候，要提前准备防止晕车、晕船、晕机的药物或者工具，避免到时候出现措手不及的情况。

乘飞机注意事项

宝宝是不是合适坐飞机	这是爸爸妈妈须要考虑到的，首先要符合航空公司的规定，其次要听从医生的意见，如果宝宝的身体还不适合坐飞机，那么，还是改乘其他的交通工具吧
宝宝的身体状况如何	可以乘飞机的宝宝，爸爸妈妈也不能够掉以轻心，也要注意观察宝宝的身体情况，宝宝有没有发烧、宝宝的鼻腔是不是通畅、宝宝有没有感冒的迹象，如果在乘飞机之前宝宝有中耳炎、鼻窦炎或者是呼吸道感染等，最好是不要坐飞机
保持鼻腔湿润	飞机当中的空气比较干燥，要注意给宝宝补充水分，干燥的环境下，宝宝的鼻腔容易出现疼痛甚至会流血，为了防止这样的情况发生，妈妈可以在宝宝的鼻腔中滴两滴生理盐水，保持鼻腔的湿润
防止耳痛	在飞机起飞下降的时候，会因为气压的原因，让人出现耳鸣耳痛的情况，对于宝宝来说更是如此，这个时候妈妈可以通过给宝宝喂奶或水的方式，让鼻腔和中耳之间的气压保持平衡。不过宝宝在其他的时间尽量少吃东西
尽量少走动	让宝宝尽量在座位上，能够走的宝宝也不要到处走动，飞机在飞行的过程中，会因为气流的原因出现颠簸的情况，宝宝的平衡能力还不是很强，可能会跌倒撞伤，同时也不要让宝宝靠近比较热的饮料或者是食物

乘车乘船注意事项

尽量少吃东西	发生晕车晕船很多的时候是因为吃的东西比较多，比较杂，所以在车船的运行中，只要宝宝不饿，就尽量少给宝宝东西吃，也不要让宝宝吃太油腻的东西或者是太甜的东西
让宝宝充分休息	在乘车乘船之前，要让宝宝有充足的睡眠，能够得到充分的休息，这样在旅途的过程中宝宝就会有一个良好的心情，在旅途中也要尽量保持宝宝的快乐情绪
避免看窗外快速移动的景物	不要让宝宝一直看窗外近处的景物，一直看的话很容易引起晕车，要分散宝宝的注意力，让宝宝多看远处的景物
准备饼干和冰毛巾	如果宝宝出现了头晕恶心的情况，可以先在宝宝的额头上敷上冰毛巾，可以防止宝宝出现恶心呕吐的情况，也可以让宝宝吃一些饼干来缓和恶心的情况。如果可以尽量多开窗通风

宝宝外带食物旅游攻略

当天来回的旅游

可自制些粥或菜泥、果泥等断奶食品放入保鲜盒中带着。也可带些市售的小袋装婴儿米粉，每包 25~30g，刚好够宝宝一顿食量，许多超市或火车站候车处等地方，都提供热水，用热水一冲就能给宝宝喂食了。

国内旅游

国内的旅馆和酒店很少会准备婴儿食品，爸爸妈妈可以从大人的饭菜中挑出面条、豆腐、软嫩的蔬菜等作为宝宝的辅食，不足的部分可以用开盖就能食用的瓶装婴儿食品来补充，或应用一些用开水就能冲泡的婴儿食品，都是不错的选择。如果住在农家院这种地方，就可以借助农家菜园里的新鲜食材给宝宝现做辅食吃啦。

国外旅游

虽然不同的航空公司都会为婴儿准备不同品牌的婴儿食品，但为了防止宝宝的胃肠不适应，最好准备一些宝宝常吃的国产市售断奶食品，旅途中会比较放心。对于稍大一些的宝宝，如果是从大人的饭菜中分一些给宝宝吃，一定要选口味清淡的食物，并用勺背碾得细碎些再喂给宝宝食用。

宝宝TIPS

宝宝外带食物注意事项

1. 不要给宝宝吃从来没有吃过的食物，如果宝宝对这种食物过敏，出门在外会比较麻烦。

2. 不要给宝宝吃膨化食品及容易腹胀的食物，会让宝宝容易口干和不舒服。

3. 不要给宝宝吃容易发生危险的食品，比如果冻、小颗的坚果等，容易呛气管。如果发生意外，就医不及时会很危险。

4. 不要因为怕宝宝没有像在家一样吃饭而给宝宝吃太多，更不要吃得太杂乱，这样容易引起不消化和拉肚子。

5. 如果外出时间过长，在喂宝宝吃断奶餐前爸爸妈妈要先试一下食物是否还新鲜，不新鲜的食物一定不要给宝宝吃。

让妈妈头疼的小淘气

　　我喜欢走来走去，让妈妈追在我后面团团转，我也喜欢将妈妈叠好的衣服、摆好的书弄得一地都是，看到我的"战斗成果"，我总是会露出快乐的笑脸，可是妈妈却在那里皱着眉头，好像很不高兴的样子。

妈妈育儿备忘录

 1. 保证合理饮食、营养均衡，并且增加每天进食的食物种类。

 2. 教宝宝用勺子吃饭，自己拿碗喝汤。

3. 在合适的时机用语调、动作和表情表示对宝宝行为的称赞和批评。

4. 控制好宝宝看电视的时间，避免影响宝宝的视力发育。

5. 多给宝宝讲故事，唱儿歌，鼓励宝宝说出自己的名字、年龄和常见食物的名称等。

6. 鼓励宝宝玩角色游戏，如扮演售货员或顾客等。

7. 训练宝宝自己拉拉链、扣纽扣、搭起 3~4 块积木、拿着笔在纸上乱画等。

 8. 让宝宝多与小朋友一起玩，培养宝宝的社交能力。

宝宝成长小档案

	男宝宝	女宝宝
体重	8.7~13.2 千克	8~12.4 千克
身高	73.7~85.1 厘米	71.9~83.7 厘米
运动能力发展	下蹲、向前走、向后走都很熟练，平衡能力更好，会跳，会用手拧旋转钮会自己脱衣服、脱鞋子	
心智发展	从说简单的两个字到三个字，到简单的句子 能够分辨物体的形状，喜欢玩橡皮泥	
感官与反射	有种不认输的精神，自己玩玩具时，如果玩不好会一直尝试	
社会发展	宝宝现在对其他小朋友不感兴趣了，更愿意自己玩，甚至会有攻击其他小朋友的可能	
预防接种	甲肝疫苗：出生后 16~18 个月第 1 次接种 百白破疫苗：出生后 16~18 个月第 4 次接种 麻风腮疫苗：出生后 16~18 个月第 1 次接种	

宝宝发生的变化

开始淘气了

这个月宝宝的很多技能都比以前有所提高。走得更快了，手越来越灵活，可以挑战更复杂的玩具，并且能通过玩玩具促进大脑的进一步发育。不过这个月的宝宝愈发淘气，爬上爬下，到处走，成为让人头疼的小家伙。有时候，正确地引导和转移宝宝注意力，比呵斥宝宝更管用。

模仿能力更强了

17 个月的宝宝更加聪明了，他进入了模仿的高峰期。看到妈妈在敲键盘，他也会学着敲；看到爸爸在玩手机，他也会学着按手机；他还会学着大人的样子擦地、洗衣服。这个时候更要求爸爸妈妈以身作则，拒绝坏习惯。

开始进入了叛逆期

过了 1 岁半，宝宝就真正进入了幼儿发展阶段。宝宝现在无论是语言能力还是动作能力都发展得很棒，但是这个阶段也是宝宝叛逆期的开始，所以宝宝现在是既让家长高兴，又让家长头疼的矛盾体。

宝宝的营养中心

让宝宝规律饮食

这个阶段的宝宝已经能够一日三餐正常吃了，外加两顿辅食，可以是水果、酸奶、点心等，除此之外还要有一定量的配方奶。每天应该有规律地按时按顿按量给宝宝吃东西。这一时期是让宝宝养成规律饮食的重要阶段，因此爸爸妈妈一定不要为了让宝宝安静或者让他有事做不打搅你，就给他零食吃；也不要宝宝一哭闹就马上给他吃零食。如果宝宝一天到晚吃东西，就会逐渐丧失感觉真正饿的能力。他会机械地想吃，无聊了、紧张了、烦躁了都想吃东西。这种习惯不仅容易导致宝宝发胖，还会使他因为不正常吃饭而营养不良。

宝宝 TIPS

停止授乳后，通过主食来为宝宝提供所需的营养成分，因此，不仅一日三餐要规律，而且量也要增加，一次吃一碗（婴儿用碗）是最理想的。每次吃的量是因宝宝而异的，但若与平均情况有太大差距，应检查宝宝的饮食上是否出现问题。很多时候，喝过多的牛奶或还没有完全断奶时，食量不会增加。

宝宝的饮食问题及解决办法

不愿意吃米饭

要均衡摄取五大营养素，不一定非要喂米饭。愿意吃面的宝宝，可以多做些加蔬菜和肉的面食，宝宝吃面食时很多时候不咀嚼，直接吞食会影响消化功能，但加点儿蔬菜就可以防止直接吞食的坏习惯。如果宝宝喜欢吃面包，也可以喂些三明治和土豆汤。先给宝宝喂点儿他喜欢的食物，这样能提高他对食物的期待感。

一次吃的量很少

不要勉强宝宝吃太多，一开始就直接给宝宝盛适当的量，然后让宝宝尽量吃完，这样的习惯才最有效。

吃光碗里的饭，会让宝宝有成就感，这有助于诱导宝宝提高吃饭的积极性；也可以让宝宝多活动，通过消耗体力来增加宝宝的食欲。

非要坐在妈妈腿上吃饭

宝宝想坐在妈妈的腿上吃饭，其实是想跟妈妈撒娇，这时不要绝对地拒绝他。妈妈有必要了解宝宝的心思，反思一下自己是否平时缺乏感情表达，是否跟宝宝在一起的时间过短。但也不能完全依着他，可以用说"等吃完饭妈妈好好抱抱你"来引导他。

宝宝断母乳后，一次吃一碗饭是最理想的状态，但是对于吃得少的宝宝不要一开始就要求他吃太多

只想吃零食

宝宝如果习惯于甜味，就会觉得饭菜太淡，容易失去食欲。所以，要渐渐减少给宝宝喂甜味的零食，并相应地诱导宝宝在饭菜中寻找甜味。如可以做带甜味的地瓜饭，或用南瓜做菜等，使宝宝对甜味的欲望在饭桌上得到满足。等宝宝不再找甜味零食时，饭桌上的甜味就要慢慢减少。

吃得少不一定会营养不良

宝宝能吃的食物多了，饮食差异更明显了，饮食问题也就更突出。如果宝宝不好好吃饭，挑食偏食，再加上宝宝身体有点小异常，妈妈就马上认为宝宝缺营养了，然后就想方设法地给宝宝补营养，钙、铁、锌一通乱补。其实完全没有必要这么紧张，绝大部分饮食问题都不是疾病，不会造成什么不良影响。

建议爸爸妈妈不要用宝宝饭量大小来衡量宝宝的发育情况，而是要注意监测宝宝的成长情况，只要宝宝的生长发育指标在正常范围之内，就没必要强迫宝宝吃东西，也没必要给他补很多营养素。

妈妈要尊重他对食物的选择，尊重他的胃容量，既不要强迫宝宝进食，也不要无限制地让他进食。

不要随时喂食

宝宝的体重不增加时，不少人就会频繁给宝宝喂食，这是不正确的。随时喂牛奶、水果、面包、蒸土豆等，表面上看是补充营养，实际上会导致宝宝食量减少。

不少人认为，喂零食能补充身体所需的营养，但一两种零食不能像饭那样补充多种营养素。宝宝越瘦，更应该规定好吃饭和吃零食的时间，避免养成随时喂食的坏习惯。

> **宝宝 TIPS**
>
> **不要边看电视边吃饭**
>
> 宝宝现在已经开始和大人一起用餐，但是很多大人习惯边看电视边吃饭，这也会影响宝宝。一边看电视一边吃饭会分散宝宝吃饭的注意力，影响宝宝的食欲，还会影响宝宝的消化能力。

白开水是宝宝最好的饮料

不管是何种饮料，让宝宝喝多了都会影响健康。有些宝宝一天能喝三五瓶甚至更多瓶饮料，导致摄入糖分过多热量过剩而成为小胖墩。宝宝肥胖易使血脂升高，血压上升，为日后患心脑血管病、糖尿病埋下祸根。一些宝宝喝饮料过多而影响吃饭，食欲下降。儿童喝饮料过多，会摄入过量的人工色素，易引起儿童多动症。

为了宝宝的健康，爸爸妈妈要为宝宝科学选择饮料，适量饮用。如橘子汁、苹果汁、猕猴桃汁、山楂汁等果汁饮料，富含维生素 C 和无机盐，可用凉开水稀释后饮用。酸奶饮料也适合儿童饮用。

对宝宝来说，最好的饮料还是白开水。从营养学角度来说，任何含糖饮料或功能性饮料都不如白开水，纯净的白开水进入人体后不仅最容易解渴，而且可立即发挥功能，促进新陈代谢，起到调节体温、输送营养、洗涤清洁内部脏器的作用。

营养
百分食谱

补充足够
蛋白质和
热量

蛋包饭

材料 米饭 50 克，小油菜 40 克，火腿 20 克，鸡蛋 1 个。

调料 番茄酱 10 克，橄榄油少许。

做法

1. 小油菜洗净，烫熟，切碎；火腿切小丁。

2. 锅内倒橄榄油烧热，放入火腿丁、米饭炒松，再加入切碎的小油菜炒匀后盛起。

3. 鸡蛋磕开，打散，搅匀，煎成鸡蛋皮。

4. 将炒好的米饭均匀地放在鸡蛋皮上，再把鸡蛋皮对折即可起锅，最后将适量的番茄酱淋在蛋包饭上即可。

宝宝护理全解说

宝宝不好好睡觉怎么办

虽然宝宝已经 1 岁多了，但是睡眠问题依然困扰着爸爸妈妈。不肯安安静静入睡，总是习惯晚睡，晚上睡觉爱打滚，半夜还总容易醒，非要黏着妈妈，不肯自己在小床上睡等。睡眠问题很大程度是因为在婴儿期宝宝就没养成好的习惯，所以才会延续到幼儿期。

晚睡的宝宝怎么哄

给宝宝指定固定的作息时间，比如晚上九点半必须入睡，那就固定要求宝宝九点半之前就要收拾好上床。同时营造一个好的睡眠环境，把灯光调暗，给宝宝讲个温馨的睡前故事。

增加白天的活动量，减少白天的睡眠时间，到了晚上宝宝自己就困了。

养成一套固定的睡前习惯，比如睡前先喝奶，然后洗脸、洗脚，再换纸尿裤、换睡衣，关灯、上床、讲故事、睡觉。每天都是这套程序，等宝宝习惯了，只要一喝奶，他就知道要睡觉了，自己就会乖乖配合。

爸爸妈妈要以身作则，不要一边要求宝宝早睡，一边自己还在兴致勃勃地看电视。就算你不打算早睡觉，但是在哄宝宝睡觉时也要陪在宝宝身边。

如果宝宝实在不肯入睡，那么也不能强迫宝宝。纠正宝宝晚睡的习惯需要慢慢来，今天早睡 5 分钟，明天继续早睡 5 分钟，慢慢的宝宝就能习惯早睡了。

睡觉打滚的宝宝怎么哄

宝宝晚上睡觉爱打滚这很正常，不需要过多干涉，只要宝宝睡得香甜就行。如果因为宝宝打滚影响爸爸妈妈的睡眠，可以将宝宝放到小床上。

如果宝宝不喜欢自己一个人睡小床，或者你刚把他放到小床上他就醒，那建议不要非得要求宝宝独睡。爸爸妈妈多陪宝宝睡一段时间也不是坏事。

半夜总醒的宝宝怎么哄

宝宝半夜醒来有很多原因，可能是饿了、尿了、热了、冷了、不舒服了，也有可能是做噩梦了，或者是想要得到妈妈的安慰。你首先要知道宝宝醒来的原因，然后再"对症下药"。一般只要哄一哄，宝宝就又睡着了。

另外，妈妈要区分宝宝是真的醒了，还是处于浅睡眠的状态。如果只是睁开眼睛看看，或者只是哼哼两声，即使你不哄他，他也会很快再次入睡。所以宝宝半夜醒来，妈妈不要马上拍着哄，免得宝宝越拍越精神。

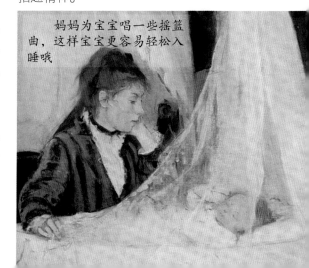

妈妈为宝宝唱一些摇篮曲，这样宝宝更容易轻松入睡哦

宝宝咬人怎么办

早在宝宝刚开始长牙时，他就有咬人的举动。1岁以后，宝宝貌似更喜欢咬人了，不只是咬妈妈，还会咬家里的其他人，到外面玩时，还会冷不丁地咬其他小朋友。

想要改变宝宝爱咬人的习惯，首先要明白宝宝咬人的原因。原因基本上分为生理原因和心理原因两种。

生理原因

1. 长牙

长牙时牙龈会痒，宝宝有很强的咬东西的欲望而无法得到满足，所以才会咬人。这种情况，可以给宝宝准备磨牙棒、苹果条等食物，以满足他的磨牙需求。

2. 不会说话

1岁以后宝宝与人交往的欲望变得很强烈，但是由于还不会说话，又不懂得怎么与人交往，因此他常用推、拉、咬等手段来引起别人的注意，以此实现交往和表达意愿的目的。爸爸妈妈要做的是尽量教宝宝学会运用语言表达。如果宝宝还说不好，可以教宝宝用身体语言和表情以及简单的发音表达自己的意愿。比如饿了想吃，可以用手指指嘴，想出去玩，就去拍拍门之类的。

心理原因

1. 发泄情绪

1岁后，宝宝往往表现出强烈的自我意识，当他感到不满时，就有可能通过咬人来发泄。当宝宝感到紧张、害怕、压力、愤怒时，也会咬人。如果宝宝出现这种情绪时，爸爸妈妈不要呵斥也不要用武力解决，最好用游戏转移他的情绪。另外

要保证宝宝充足的睡眠，睡眠状况比较好的宝宝一般很少用牙齿咬人。

2. 模仿

有的时候宝宝咬人是对大人的模仿。如果爸爸妈妈习惯咬咬宝宝的小手指表示亲昵的话，宝宝也会模仿你的这种行为。这个时候一方面要明确告诉宝宝咬人不好，爸爸妈妈不喜欢他咬人，另一方面爸爸妈妈也要改掉自己的坏习惯。

宝宝不宜穿松紧带裤

宝宝正处于快速生长发育的阶段，其腰段还未发育，松紧带裤随着宝宝的跑跳、下蹲等活动容易滑脱下来，不仅影响宝宝的运动，而且还容易使宝宝着凉生病。如果加大松紧带的力量，松紧带就会紧紧勒在宝宝的胸腹部，对宝宝胸廓的运动和发育产生不利的影响。所以宝宝不宜穿松紧带裤。而最好穿背带式裤或背心式连衣裤。

保护宝宝的安全

防止烧伤、烫伤宝宝

不要将暖水瓶放在宝宝够得着的地方，也不要放在宝宝经常跑来跑去的桌子旁边。给宝宝放洗澡水，要先放凉水，再放热水。尽量不要让宝宝待在厨房里，因为厨房里的炉火、热油、水瓶、热饭菜都可能伤害到好动的宝宝。

防止宝宝误食药物

家里所有药物的药瓶上，都应写清楚药名、有效时间、使用量及禁忌证等，以防给宝宝用错药。为了防止宝宝将糖衣药丸当糖豆吃，最好药物放在柜子里或宝宝

够不着的地方收好，有毒药物的外包装还须再加固，使宝宝即使拿到也打不开。如果宝宝不小心把药丸当成糖果误食，这时要赶紧用手指刺激咽喉，把吃下去的药吐出来或送医院及时治疗。

如果宝宝误食了刺激性或腐蚀性的东西，也应先喝水，但要避免喝得太多引起呕吐，反倒会灼伤食道，然后赶快就医。

不要让宝宝接触小动物

很多宝宝都喜欢猫、狗等小动物，随着活动能力的增强，有些宝宝喜欢与小动物一起玩耍。宝宝与小动物玩耍存在很多危险，发生最多的是宝宝被猫、狗等小动物咬伤、抓伤，也不能排除感染狂犬病的可能。

另外，猫、狗等小动物身上有许多病菌，如沙门氏菌、钩虫、蛲虫等，宝宝常与之接触，很可能会感染上这些病菌。猫、狗等小动物的毛或皮脂腺散发的脂分子，也可引起宝宝过敏或气喘等疾病。因此，要尽量减少宝宝与猫、狗等小动物的接触。

让宝宝多说话的方法

延迟满足法

很多时候，爸爸妈妈没等宝宝说话，就将宝宝想要的东西递给他，使宝宝没有说话的机会，时间长了，宝宝会变懒。

实际上，宝宝要说出一个陌生的新词，从大脑的指挥到发声器官的运动是需要一定的反应时间的。为了鼓励宝宝开口讲话，让他主动地表达需求，就要给宝宝时间去反应，这时需要采用延迟满足法。当宝宝要喝水时，应先鼓励他说出"水"字来，然后再递水给他。

激发宝宝的兴趣

对比较腼腆的宝宝，爸爸妈妈要积极引导，激发宝宝的兴趣，鼓励宝宝开口说话。跟宝宝一起做游戏时，爸爸妈妈可以在一旁不停地说："兔子跑，小马跑，宝宝跑不跑？"当宝宝反反复复地听到"跑"字后，慢慢地就会开口说"跑"字了。

多接触、多听

爸爸妈妈要通过图片、实物等，耐心反复地教宝宝认识事物，增加词汇。要多讲故事，故事能够带给宝宝欢乐，能刺激宝宝学习的欲望。

宠物身上的一些病菌可能会传染给宝宝，所以宝宝要远离宠物

益智游戏小课堂

水中乐园 | 思考能力

目的：提高宝宝的创造力和思考力。

准备：浴缸和漂浮的玩具。

妈妈教你玩：

1. 在家中准备好盆和浴缸等，还要准备一些漂浮玩具，如小鸭、小船等，还有装水的容器，如小碗、小漏斗等。

2. 和宝宝一起玩游戏，引导宝宝认识各种玩具的名称和特性。如小碗可以舀水，小漏斗可以漏水，并且可以用小碗向小漏斗中灌水，下面再用一个小容器接水。

3. 将小船和小鸭子都放在水里漂浮，还可以把小船或小鸭子用绳子拉住，让宝宝在水里拉着小船、小鸭子行走。

4. 让宝宝发挥自己的想象力去玩水。

宝宝学涂鸦 | 想象能力

目的： 培养宝宝涂鸦的兴趣，激发宝宝的想象力。

准备： 纸和笔。

妈妈教你玩：

1. 在桌子上放上一些纸和笔，让宝宝用笔在纸上自由地涂鸦。
2. 开始的时候纸张可以大些，以后可以逐渐变小。
3. 也可以为宝宝准备一个画架，告诉宝宝想画画的时候就去画架上画。

爱心提醒

为了防止宝宝将家里的任何地方都当成画板，妈妈要为宝宝涂鸦做好充分的准备，除了画板，可准备一面专门用来让宝宝涂鸦的墙壁，以满足宝宝涂鸦的兴趣。

专题

男女宝宝的可爱
和麻烦之处

男宝宝

可爱之处

■ 安安妈（宝宝：1岁9个月）

儿子最喜欢被举高，总是央求着爸爸举高。一被高高举起来，就笑个不停，开心的小脸蛋真可爱。

■ 牛牛妈（宝宝：2岁3个月）

2岁的时候，我问儿子："打雷可怕吗？"儿子说："我是男孩，我才不怕呢！"

■ 涵涵妈（宝宝：2岁10个月）

每次送他去幼儿园时，他都喜欢找年轻漂亮的教师抱。汗，这么小就显得有些"色眯眯"的了。

■ 然然妈（宝宝：2岁6个月）

去医院做血常规检查，针扎进去竟然能忍住不哭。完了，皱着可怜兮兮的笑脸对我说："我勇敢吗？"

■ 豆豆妈（宝宝：1岁10个月）

一坐在车的驾驶席上，儿子便手持方向盘，一边"嘀嘀"地叫着，一边模仿起开车的样子，很是帅气。

麻烦之处

■ 小小妈（宝宝：11个月）

睡相不好，夜里睡觉的时候，总是动来动去，一觉醒来，经常已经睡到床尾了，这是男宝宝才有的表现吗？

■ 松松妈（宝宝：1岁9个月）

一到电动玩具车的柜台便不肯走了，一般都要看上半个小时，怎么也不肯挪步。

■ 康康妈（宝宝：2岁）

每天都要去外面玩，1岁多点就喜欢玩滑梯，经常是摔了一跤又一跤，可还是要玩。

■ 飞飞妈（宝宝：1岁4个月）

脾气可大了，发起脾气的时候，可了不得，有时连我都降不住他，再大一点真不知道该怎么办了。

■ 皮皮妈（宝宝：8个月）

碰到什么都想抓，可手脚又不知轻重，有时还会碰痛自己；没有耐心，肚子一饿就大哭。

女宝宝

可爱之处

■ 晴晴妈（宝宝：1岁10个月）

只要我去收拾晾晒的衣物，她就会去拿晾衣架的盒子，还帮我做其他很多事。

■ 嘟嘟妈（宝宝：1岁6个月）

每当我化妆的时候，女儿总会跑过来，学着我的样子，描描眉、涂涂口红，非常可爱。

■ 乐乐妈（宝宝：2岁4个月）

经常歪着脑袋对外公甜甜地叫"公……"老爷子每次都被她哄得乐不可支。

■ 果果妈（宝宝：2岁4个月）

讲话的语气和做事的方式都像妈妈。喜欢照顾她的布娃娃们，喜欢别人夸她可爱。

■ 甜甜妈（宝宝：1岁1个月）

女儿很爱整齐，每次都会把脱了的鞋子摆放整齐。不只是她自己的，连我的和她爸爸的也都帮忙摆好！

■ 囡囡妈（宝宝：1岁9个月）

像个小淑女，会一边给我玩具餐具，一边说"请吃饭"，并做出咀嚼的样子……

麻烦之处

■ 小小妈（宝宝：1岁9个月）

不喜欢穿妈妈准备好的衣服，喜欢自己挑选衣服。因此，常常会穿上下搭配不协调的衣服外出。

■ 点点妈（宝宝：1岁6个月）

出门的时候必须把裤子穿好，虽然很漂亮，不过每次都要花很长时间。

■ 蓉蓉妈（宝宝：1岁5个月）

一到夏季，看着女儿的一头汗水，总是禁不住想给她理发。但想想长头发好看，所以只能忍住。

■ 苏苏妈（宝宝：1岁4个月）

在儿童乐园玩钻隧道游戏时，刚到入口那儿就哭起来，结果害得其他小朋友都站在后面等候。

■ 悦悦妈（宝宝：1岁）

比较怕生，不管男女，只要是陌生人跟她说话，就一脸紧张地盯着人家，弄得我很尴尬。

■ 晴晴妈（宝宝：1岁11个月）

女儿超爱干净，非常讨厌手或衣服脏，手只要脏一点，就会闹个不停，每次费好大劲才能哄好。

第 73~84 周 （19~21个月宝宝）

能独自上下楼梯了

我现在做事情之前，已经在头脑中有了一定的概念，知道哪些事情自己能做，哪些事情自己不能做，还喜欢和爸爸妈妈"对着干"。而且我现在运动能力飞速的发展，喜欢自己独自上下楼梯。

妈妈育儿备忘录

1. 控制给宝宝零食，防止偏食，不宜多吃巧克力、糖果和太甜太油腻的糕点。

2. 培养宝宝爱劳动的生活料理能力，如学习穿脱衣服和用勺吃饭。

3. 养成良好的进餐习惯，定时、定点、定规矩，按照食谱安排宝宝每天的饮食。

4. 培养宝宝等待和容忍的品行，用"延迟满足"的方法加以锻炼。

5. 教宝宝学习折纸、串珠子、拆装玩具、捏橡皮泥、用棍取物等。

6. 跟宝宝玩"过家家"，训练宝宝跑、跳、攀登、掷球、双足跳动等。

7. 教宝宝认识圆形、方形、三角形等。

8. 教宝宝给扑克牌分类，认识一种颜色，让宝宝了解对应关系，会配对。

9. 爸爸妈妈要预防宝宝发生外伤，学会意外伤害的急救方法。

10. 这段时期也是宝宝语言发展的关键期，要鼓励宝宝多说话。

11. 训练宝宝看图讲故事，回答问题，复述见闻。

12. 宝宝进入了第一个反抗期，家长要注意宝宝良好个性的培养。

宝宝成长小档案

	男宝宝	女宝宝
体重	9.4~14.4 千克	8.8~13.5 千克
身高	77.9~90.6 厘米	76.6~89.2 厘米
运动能力发展	会跑着跑着突然停下来，能双脚跳 用双手配合做自己想做的事，会画图案，会自己端着杯子喝水	
心智发展	喜欢拼图游戏，会使用句子，会和妈妈问话 能分出大小、找出事物的不同，注意力时间延长 能够模仿很多声音，能够分辨声音的来源	
感官与反射	看、听、闻、味，都是宝宝探索食物的工作	
社会发展	喜欢和妈妈之外的人亲近，不再黏妈妈	

宝宝发生的变化

更清楚地认识自己

这时宝宝能更清楚认识自己是谁，自己能做什么，自己什么不能做好。

喜欢"对着干"

宝宝自我意识快速增长，带动了宝宝认知能力的发展，宝宝开始喜欢跟爸爸妈妈"对着干"。

宝宝更喜欢动脑筋了

宝宝喜欢做一些需要一定技巧的事情，也开始做一些让你头疼的事情了，如打人、推人，和小伙伴抢玩具，动不动就哭闹等。

宝宝现在已经知道要先打开瓶盖子才能喝水，说明宝宝更清楚自己想做的事情了

宝宝的营养中心

可以跟大人吃相似的食物了

为了宝宝身体的均衡发展，应通过一日三餐和零食来均匀、充分地使宝宝摄取饭、菜、水果、肉、奶五类食物。可以让宝宝跟大人吃相似的食物，比如，可以跟大人一样吃米饭，而不必再吃软饭。但是要避开质韧的食物，一般食物也要切成适当大小并煮熟透了再喂。不要给宝宝吃刺激性的食物。2岁左右的宝宝可以吃大部分食物，但一次不能吃太多，要遵守从少量开始、慢慢增加的原则。

宝宝厌食应对策略

爸爸妈妈的正确调养方

父母对此应该表示理解，并经常更换食物的花样，让宝宝感到吃饭也是件有趣的事，从而增加吃饭的兴趣。有的父母看到宝宝不肯吃饭，就十分着急，先是又哄又骗，哄骗不行，就又吼又骂，甚至大打出手，强迫孩子进食，这样会严重影响宝宝的健康发育。

宝宝吃多吃少，是由他的生理和心理状态决定的，不会因大人的主观愿望而转移。强迫孩子吃饭，不利于宝宝养成良好的饮食习惯。

让宝宝独立吃饭

应放手让宝宝自己吃饭，使其尽快掌握这项生活技能，也可为入园做好准备。尽管宝宝已经学习过拿勺子，甚至会用勺子了，但宝宝有时还是愿意用手直接抓饭菜，好像这样吃起来更香。

爸爸妈妈要允许宝宝用手抓取食物，并提供一些手抓的食物，如小包子、馒头、面包、黄瓜条等，提高宝宝吃饭的兴趣，让宝宝主动吃饭。

不要把零食作为奖励品

宝宝的胃容量比较小，一次进食量又有限，饿得也是比较快的。适当吃一点儿零食可以补充一些营养和热量。另外，零食还能调剂食物的口味。因此，没有必要完全禁止零食。

但不要滥用零食来哄劝宝宝。当宝宝发脾气时，不要利用零食来转移他的注意力，这样会使宝宝觉得零食是奖励品，是非常好的东西，无意间就强化了宝宝吃零食的习惯，并学会用零食来讨价还价。

宝宝吃饭时总是含饭如何应对

有的宝宝喜欢把饭菜含在口中，不嚼也不吞咽，这种行为俗称"含饭"。含饭的现象易发生在婴儿期，多数见于女宝宝，以父母喂饭者较为多见。

其实，这是由于父母没有让宝宝从小养成良好的饮食习惯，没有在正确的时间添加辅食，宝宝的咀嚼功能没有得到充分锻炼而导致的。

如遇此情况，父母可有针对性地训练宝宝，让其与其他宝宝同时进餐，模仿其他宝宝的咀嚼动作，这样随着年龄的增长，宝宝含饭的习惯就会慢慢地改正过来。

营养
百分食谱

促进骨骼
正常发育

五彩什锦饭

材料 米饭 1 碗，鸡蛋 1 个，豌豆 30 克，黄瓜 30 克，火腿 20 克。

调料 植物油、盐各适量。

做法

1. 黄瓜、火腿切丁备用，豌豆洗净，一起放入锅中，用植物油炒熟，放少许盐调味。

2. 锅内倒入油烧热，鸡蛋打匀后倒入，快速炒散，倒入米饭炒匀。

3. 加入预先炒好的黄瓜、火腿、豌豆，盖上锅盖，将火关小焖一会儿，撒上葱花，用大火爆香即可。

宝宝护理全解说

宝宝做噩梦了

噩梦的发生，常由宝宝在白天碰到了某些强烈的刺激，比如看到恐怖的电视或听到恐怖的故事等引起，这些都会在大脑皮层上留下深深的印迹，到了夜深人静时，其他的外界刺激不再进入大脑，这个刺激的印迹就会释放而发挥作用。此外，宝宝身体不适或有某处病痛也会做噩梦。当宝宝生长快，而摄入的钙又跟不上需要，都会导致做噩梦。爸爸妈妈怎样帮助宝宝远离噩梦困扰呢？

1. 在宝宝做噩梦哭醒后，妈妈要将他抱起，安慰他，用幽默、甜蜜的语言解释没有什么可怕的东西，以化解对噩梦的恐惧感。

宝宝被噩梦惊醒后，妈妈要柔声安慰，化解宝宝的恐惧的心理

2. 要了解宝宝在白天看见了哪些可怕的东西。向宝宝讲清不用害怕的道理，免得以后再做噩梦。有的宝宝在下雨刮风时看到窗外的树或其他东西不断地摇晃，就会和可怕的东西联想起来，到了入睡后自然会做噩梦。所以妈妈可带宝宝到窗外去走走，让宝宝知道窗外并没有什么可怕的东西，那些摇晃的东西不过是风吹动所致。

3. 做噩梦的宝宝在第2天往往还会记住梦中的怪物，妈妈可让宝宝将怪物画下来，以培养宝宝的创造力，然后借助于"超人""黑猫警长"的威力打败怪物，以安慰宝宝。

4. 当宝宝初次一个人在房间睡时，因害怕而会做噩梦，此时妈妈一方面向宝宝讲一个人睡的好处，另一方面可开盏小灯，以消除宝宝对黑暗的恐惧。也可以打开门，让宝宝听到父母的讲话声，感到父母就在身边，这样就可安心入睡了。

5. 预防宝宝做噩梦，父母在白天不要给宝宝太强的刺激、责备和惩罚。不要看恐怖的电视、电影和讲恐怖的故事。入睡前半小时要让宝宝安静下来，以免过度兴奋引起噩梦。

宝宝爱打人怎么处理

父母的态度很重要

家长要时刻注意自己的言行。当宝宝打人时，父母要表现出应有的威严，不能对此一笑了之，甚至开心地享受宝宝发脾气时别样的可爱之处，更不应主动逗宝宝发脾气、打人。而应该让宝宝感受到自己出现攻击行为时，他人正常的反应是什么。时间长了，宝宝明白这种行为不被人接受，自然就会有所改变。

培养宝宝的爱心

1. 让宝宝尽早建立正确的情感表达方式，并不断强化。如教宝宝亲吻父母、抚摸父母，以表示对父母的爱。跟宝宝玩布娃娃，让宝宝拍娃娃睡觉、给娃娃盖被、喂娃娃吃奶等。

2. 经常带宝宝与其他小朋友一起玩，养小金鱼、种花等，培养宝宝的爱心和对大自然的兴趣。

3. 经常表扬宝宝好的行为，提高他的自信心，让他感受到被爱、被注意。

家庭门窗应采取的安全措施

现代化的都市内，高楼林立，一楼高过一楼。室内也装修得富丽堂皇，显得窗明几净。在此要提醒有宝宝的家长，室内装修在讲究美观、大方的同时，还要对你的宝宝采取一些安全措施。

窗户的高度一般要求距地面 0.7 米，在窗子上装上栏杆或窗纱，以保证宝宝的安全；房门最好向外开，不宜装弹簧装置；装有玻璃门的家庭，应在玻璃门上与宝宝等高的地方，贴上贴纸，以提醒宝宝那里有玻璃，不是空的，以免磕破头；在宝宝自己会打开的门上系一个铃，当他推门出去时，以便里面的人可以察觉；在不想让宝宝进去的房间的门上端钉一个钩子扣住，以保证他推不开；在纱门上低于宝宝脖子的位置，加一条浴室里挂毛巾用的横杆，以便宝宝推门进出容易。

纠正宝宝边吃边玩的 5 个方法

1. 选择宝宝喜欢又适合的餐具

让宝宝自己选择餐具。因为宝宝自己挑选的餐具，一定很喜欢，这样可以增加宝宝吃饭的兴趣。

宝宝 TIPS

餐具要适合宝宝

勺子的大小要适合宝宝的嘴，最好一勺就是一口；碗或者盘子容量要适中，可以选择一些带有吸盘的碗或者盘子，这样可以避免宝宝打翻。

2. 创造温馨的吃饭气氛

吃饭前要让宝宝洗净小手，妈妈端上饭菜的时候，要表现出对饭菜感兴趣的样子。要让宝宝和大人一起用餐，这样看到大家津津有味地吃饭，宝宝也会专心吃饭。

3. 鼓励宝宝自己动手吃饭

宝宝这时候有自己吃饭的欲望，但由于手部精细动作能力不协调，常会弄洒饭菜，这时妈妈要鼓励宝宝自己吃饭，并给予适当的帮助。

4. 固定吃饭的时间和地点

宝宝吃饭时间要固定，和大人一样就行，不要随便延长宝宝吃饭时间。只要时间一到，就要撤下饭菜，让宝宝知道饭菜过时不候。

5. 利用宝宝的特有心理

逆反心理对宝宝按时吃饭效果非常好。这时候宝宝喜欢和父母对着干，越让他坐着吃饭，他越喜欢跑来跑去，这一点妈妈可以很好地利用，如"今天的饭真好吃，你要是玩玩具，就吃不到喽"。这样，宝宝很快就会过来乖乖吃饭了。

益智游戏小课堂

兔子和鸟儿 | 大动作能力

目的： 训练宝宝肢体动作的协调性。

准备： 玩具兔子和鸟。

妈妈教你玩：

妈妈做示范动作，让宝宝学小兔子跳；学小鸟飞。

1. 两手放在头两侧，模仿兔子耳朵，双脚合并向前跳。
2. 向前学小鸟飞：双臂侧平举，上下摆动。

爱心提醒

这样的游戏能让宝宝的身体运动技能得到充分的锻炼，还能让宝宝更快乐，所以要多鼓励宝宝做。

宝宝学识字卡片 | 视觉能力

目的： 将字音、字形的鲜明印象印入宝宝脑海，同时将字音和字形联系起来，并刺激宝宝的视觉和大脑发育。

准备： 字卡。

妈妈教你玩：

1. 准备一些正面有字、反面有图的识字卡片，如"电视机""娃娃""衣柜""糖果盒""小汽车"等。做正卡、副卡两套。
2. 妈妈读字，鼓励宝宝走过去把字拿过来，先取正卡的字，再到另一个地方取副卡上同样的字。
3. 妈妈读字，让宝宝先去指正卡，再走到另一处指副卡同样的字。宝宝指错了要再指，指对了要给予表扬。

爱心提醒

　　妈妈在给宝宝做识字卡片时，字形要大，可以用废旧挂历裁成宽20厘米长的纸条，对折成正方形，可两面写字，这样的卡片既能摆也能挂。

专题

你给宝宝设立积极的规矩了吗

当宝宝还是小不点的时候，父母可以用专门的儿童电源插座，也可以安装护栏让宝宝远离危险，可以设置一些简单的路障，避免宝宝四处淘气。但是，随着宝宝的长大，让他远离危险，似乎变得越来越难了——他俨然是精力充沛的小探险家！

对宝宝要有合理期望

宝宝2岁了，他开始有了自己的主意，渴望去探索一切新鲜的事情。因此，父母应该考虑培养宝宝"纪律"与"规矩"意识了。

我们所说的"规矩"，并不是打宝宝的屁股，或者罚宝宝站在太阳下，而是教宝宝什么样的行为是正确的方式。

在培养宝宝规矩的过程中，父母应该遵循的原则：合理期望。什么样的要求是适合自己宝宝的。每个孩子生活环境不同、性格也不同、脾气也不同，发育速度也有区别，所以父母必须根据自己宝宝的特点来定规矩，不能一刀切。别朋友家2岁的宝宝知道马桶的用途，不应该在里面玩水，但不一定适合自己的宝宝。

很多父母可能会认为：能掌握更多词汇，准确表达自己的意思的宝宝会比同龄宝宝更成熟，所以要求就应该高一些。但是，事实并非如此。你家里那个能说会道的宝宝与同龄人比较，可能自控能力、耐心和社会交往能力差一些。

需要特别注意：即使对于同一个宝宝，父母的合理期望值也应该根据实际情况而变化。如宝宝累了或饿了，就会变得不听话。下面，我们来学习一下，如何培养宝宝的"规矩"吧！

培养"积极"的规矩

我们该告诉宝宝应该怎么做，这样有利于培养宝宝积极的"规矩"。如我们可以告诉宝宝："这块地方是专门玩耍的地方"，

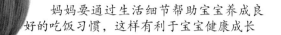

妈妈要通过生活细节帮助宝宝养成良好的吃饭习惯，这样有利于宝宝健康成长

或者"大小便的时候，要去卫生间"。父母尽量不要说"不"。如父母经常重复这个词的话，宝宝习惯了会忽视它。

参与其中

父母必须切实地引导宝宝，这就要求父母做什么事情，要近距离地接触宝宝，并正确地引导宝宝做事情，这样参与其中的"直接指导"要管用得多。

反之，如果你只是在很远的地方要求宝宝："不许那样""到这里来"——也许开始的时候会起作用，但是时间长了就会失去效果了。

纠正错误

很多时候，父母可以帮助宝宝自己纠正自己的错误的。如宝宝不想吃饭的时候，把米饭扔了一桌子，那么父母可以让宝宝和自己一起扫这些垃圾，或者带着宝宝去体验一下种庄稼的辛苦，这样可以让宝宝知道：有些事情做了就要承担后果，或者粮食来之不易。虽然很多时候，宝宝都不愿意去做这些事情，但是父母应该坚持。

明确规矩

对于宝宝来说，太多的规矩会让他不知所措。所以，父母应先订出几点重要的规矩，鼓励宝宝坚持。

如果你的宝宝不喜欢坐汽车安全座椅，那么父母要做的，就是每次确保宝宝的安全带系好。如果宝宝想用哭闹的方法摆脱安全带的束缚，父母应该坚持自己的做法。如果宝宝已经挣脱了安全带，那么父母就应该告诉他：如果他不系好安全带，就不开车出发。一般来说，这样做的结果，就是宝宝遵守了规矩。

寻求合适的平衡

父母应该了解：哪些对宝宝是重要的，哪些是不重要的，哪些会随着年龄的长大而改善，就是对宝宝要有一个全面的了解。为了家庭和孩子，父母立规矩的时候要寻求合适的平衡。

第 85~96 周（22~24个月宝宝）

总是制造"麻烦"

我现在活动更加自由了，会爬上溜滑梯的楼梯，并滑下来，也会抓着单杠让自己身体晃来晃去。我还喜欢在家里翻箱倒柜地玩，喜欢拆玩具等，反正给父母制造很多的"麻烦"，所以大家都叫我"小淘气包"。

妈妈育儿备忘录

1. 宝宝走、跳等能力发展良好。
2. 宝宝能说出由三个甚至是四个单词组成的句子，如"你拿这个，我拿那个""放到碗里，我要吃"等。
3. 宝宝能自由地活动手脚，而且能灵活地使用手腕和手指，尤其是拇指和食指，能活动得很自然。
4. 宝宝会背诵几首完整的儿歌和唐诗了。

宝宝成长小档案

	男宝宝	女宝宝
体重	9.8~15 千克	9.3~14.2 千克
身高	80.2~93.5 厘米	79.1~92.1 厘米
运动能力发展	2 岁以内宝宝特有的"罗圈腿"开始变直了 能打开门的插销、能画出简单的图形	
心智发展	自言自语,懂得"你、我、他",能够听懂"不" 具有很强的模仿力,通过模仿来学习	
感官与反射	爱问为什么,自我意识增强	
社会发展	喜欢和小朋友玩耍,但是还不懂得分享	
预防接种	乙脑减毒活疫苗:出生后 24 个月第 2 次接种	

宝宝发生的变化

爱说"不"

宝宝每天跑跑跳跳玩得特别开心,也越来越聪明了,理解思维能力更强,会用语言很好地和爸爸妈妈交流。不过宝宝的脾气好像更差了,动不动就发脾气,还爱说"不"。

自理能力增强了

这时,宝宝独立性更强,会自己洗脸、洗手,能独立吃饭、喝水,有的宝宝已经懂得告诉爸爸妈妈自己想大小便。玩累了会自己睡觉。

爱问"为什么"

宝宝视野开阔了,他有很多事情去做,有很多能力需要去锻炼,有很多知识需要学习,有很多的愿望需要实现。他也更爱问"为什么"了。

宝宝的独立性越来越强,能自己独立喝水了,但是妈妈一定要注意避免宝宝自己去饮水机接水,以免烫伤宝宝

宝宝的营养中心

怎样纠正宝宝偏食

方法	具体做法
增加宝宝的运动量	运动会加速能量的消耗，促进新陈代谢，增强食欲。在肚子饿时，宝宝是很少偏食、挑食的，俗话说的"饥不择食"就是这个道理
不要过分强迫宝宝	当宝宝较饿时，比较容易接受不喜欢的食物，可以让宝宝先吃他不喜欢的，再吃他喜欢吃的，但应注意不要过分强迫宝宝，以免宝宝对不喜欢的食物更加反感
适当鼓励宝宝	父母带头吃宝宝不爱吃的菜，只要宝宝吃了，适当鼓励宝宝，这样能调动宝宝的积极性

宝宝生病如何调整饮食

1. 对于持续高热、胃肠功能紊乱的宝宝，考虑给宝宝喂食流质食物，如米汤、牛奶、藕粉之类。

2. 一旦病情好转即由流质食物改为半流质食物，除煮烂的面条、蒸蛋外，还可酌情增加少量饼干或面包之类。

3. 倘若宝宝已经康复，但消化能力还未恢复，表现为食欲欠佳或咀嚼能力较弱时，则可提供易消化而富于营养的软饭、菜肴。

4. 一旦宝宝恢复如初，饮食上就不必加以限制。这时应注意营养的补充，包括各类维生素的供给，并应尽量避免给宝宝吃油腻和带刺激性的食物。

宝宝不爱吃肉怎么办

1. 可以采用熘肉片和氽肉片的方法，使肉质鲜嫩，不会塞牙。

2. 多做肉糜蒸蛋羹、荤素肉丸；红烧肉烧好后，再隔水蒸1个小时，可使瘦肉变得松软。

3. 不要太油腻，肉汤要撇去浮沫。

4. 用葱、姜、料酒去腥。

5. 不妨加一些爆香的新鲜大蒜粒，不仅可以使菜肴生香，还能促进食欲。

6. 把洋葱煸软、烂后，再与排骨或牛肉一起做菜，也有促进食欲的效果。

另外，为了保证不爱吃肉的宝宝的蛋白质摄入量，可让其多吃奶类、豆类及其制品、鸡蛋、面包、米饭、蔬菜等食物来补充蛋白质。如果每天平均喝2杯奶、吃3~4片面包、1个鸡蛋和适量蔬菜，折合起来的蛋白质总量就有30~32克，再吃些豆制品，基本上就可以满足宝宝对蛋白质的需求了，所以妈妈也不必过于担心。

宝宝在生病之后要及时补充营养，但是要保证食物易于消化吸收

营养百分食谱

补卵磷脂

油菜蛋羹

材料 鸡蛋 1 个，油菜叶 50 克，猪瘦肉 20 克。

调料 盐 2 克，葱末 3 克，香油少许。

做法

1. 油菜叶、猪瘦肉分别洗净，切碎。

2. 鸡蛋磕入碗中，打散，加入油菜碎、肉碎、盐、葱末、适量凉开水，搅拌均匀。

3. 蒸锅置火上，加适量清水煮沸，将混合蛋液放入蒸锅中，用中火蒸 6~8 分钟，淋上香油即可。

宝宝护理全解说

防止宝宝视力发生异常

预防眼内异物

宝宝的瞬目反射尚不健全，应该特别注意预防眼内异物。在刮风天气外出时，应该在宝宝的脸上蒙上纱巾；扫床时，应将宝宝抱开，以免风沙或扫帚、凉席上的小毛刺进入眼内。因为宝宝的很多时间都是在睡觉，眼内有异物时，难以发现，如果继发感染，有可能造成严重后果。

避免在灯光下睡觉

宝宝还处于发育阶段，适应环境变化的能力很差。如果卧室灯光太强，就会使宝宝躁动不安、情绪不宁，以致难以入睡，同时也会改变宝宝适应昼明夜暗的生物钟的规律，使他分不清黑夜和白天，不能很好地睡眠。

宝宝长时间在灯光下睡觉，光线对眼睛的刺激会持续不断，眼睛便不能得到充分休息，易损害视网膜，影响其视力的正常发育。

边吃边玩要不得

宝宝吃几口就玩一阵子，会使正常的进餐时间延长，使饭菜变凉，还容易被污染，从而影响胃肠道的消化功能，加重宝宝厌食。吃饭时玩玩具，也会导致胃的血流供应量减少，消化机能减弱，食欲缺乏。这不仅会损害宝宝的身体健康，而且还会使宝宝从小养成做事不严肃、不认真的坏习惯，长大后往往学习不专心。

龋齿的预防

产生龋齿的原因是由于食物的残渣在牙缝中发酵，产生多种酸，从而腐蚀了牙齿的釉质，形成空洞，导致牙痛、牙龈肿胀，严重的会使整个牙坏死。采取以下措施，可有效避免龋齿的发生。

方法	具体内容
补充钙质	饮食中缺钙也会影响牙齿的坚固，牙齿因缺钙变得疏松，易形成龋齿。维生素 D 可帮助钙、磷吸收，维生素 A 能增加牙床黏膜的抗菌能力，氟对牙齿的抗龋作用也不可少，所以要注意从膳食中保证供给。在饮食中要多吃富含维生素 A、维生素 D 及钙的食物，如乳品、肝、蛋类、肉、鱼、虾、海带、海蜇等
做好宝宝的牙齿保健	要让宝宝养成早晚刷牙的好习惯，最好在饭后也刷牙。牙刷要选择软毛小刷，刷时要竖着顺牙缝刷，上牙由上往下刷，下牙由下往上刷，切不要横着拉锯式刷，否则易使齿根部的牙龈磨损，露出牙本质，使牙齿失去保护而容易遭受腐蚀。喝完奶或甜饮料后再喝一口白开水冲洗残留食物
及时处理乳牙上的积垢	当宝宝满 2 岁时，乳牙已基本长齐，爸爸妈妈应带宝宝去医院检查一下，并处理乳牙上的积垢，在牙的表面进行氟化物处理。当后面的大牙一长出来，就要在咬合面上涂一层防龋涂料。这样做可以大大地减少龋齿
定期去看牙科	发现有小的龋洞就要及时补好，一般可每隔一年定期做牙齿保健

警惕宝宝患上佝偻病

佝偻病俗称"软骨病"，是由于维生素 D 缺乏引起体内钙、磷代谢紊乱，而使骨骼钙化不良的一种疾病。佝偻病会使宝宝的抵抗力降低，容易合并肺炎及腹泻等疾病，影响宝宝的生长发育。

佝偻病主要有以下症状表现

1. 宝宝烦躁不安，夜间容易惊醒、哭闹。还表现为多汗、头发稀少、食欲缺乏。

2. 骨骼脆软，牙齿生长迟缓；方颅，囟门闭合延迟；各关节增大，胸骨突出呈现为鸡胸，脊椎弯曲；腿骨畸形，出现 O 型腿或 X 型腿；行动缓慢无力。

3. 肌肉软弱无力，腹部呈现壶状。

佝偻病的家庭护理

1. 宝宝每天应在室外活动 1~2 小时，晒太阳能促使维生素 D 的合成，预防佝偻病。

2. 每天补充适量的维生素 D，鱼肝油要每天吃。此外，应根据宝宝的需要来补充钙剂。

3. 提倡母乳喂养，及时给宝宝合理地添加如蛋黄、猪肝、奶及奶制品、大豆及豆制品、虾皮、海米、芝麻酱等辅食，以增加维生素 D 的摄入。

4. 不要吃过多的油脂和盐，以免影响钙的吸收。

宝宝 1 岁半后不宜总穿开裆裤

这是因为宝宝到 1 岁半以后喜欢在地上乱爬，若穿开裆裤，使外生殖器裸露在外，特别是小女孩尿道短，容易感染，严重者可发展为肾盂肾炎。

小男孩穿开裆裤，会在无意中玩弄生殖器，日后有可能养成手淫的不良习惯。在冬季，因臀部露在外边，易受寒冷而引起感冒、腹泻等。而穿开裆裤的宝宝，很容易就地大小便，一旦养成习惯，到 4~5 岁就难以纠正了。

因此，从宝宝 1 岁左右起，就应让宝宝穿满裆裤，并让宝宝逐渐养成坐便盆和定时大小便的习惯。

别给宝宝滥用补品

补品中均含有一定量的雌激素物质，即使"儿童专用滋补品"中的某些品种，也不能完全排除其含有类似性激素和促性腺因子的可能性。儿童长期大量服用滋补品，不仅会导致性早熟，而且还可能造成宝宝身材矮小，因为雌激素具有促使骨骺软骨细胞停止分裂增殖，促进骨骺与骨干提前融合的作用。

健康宝宝不必进补；患急性病尚未痊愈者，慢性病处于活动期者不宜进补。对于已服补品的宝宝，一旦出现性早熟，应立即停药，及时去医院诊治。

宝宝 1 岁左右，要养成定时大小便的习惯

益智游戏小课堂

装豆子 | 精细动作能力

目的： 培养宝宝的触摸感，促进手眼的协调性，其中的分类练习，也能帮助宝宝集中注意力。

准备： 各种豆子。

妈妈教你玩：

1. 妈妈准备几个空盒子或空瓶。
2. 将一些豆子、珠子、扣子、花生米之类的东西撒在白床单上。
3. 在每个空瓶子或空盒子里放入一种物品，让宝宝根据类别逐个往空瓶子或空盒子里面放。

爱心提醒

做这个游戏对宝宝长大以后，上学认真听讲、做手工等都比较有益。锻炼宝宝的精细动作的游戏有很多，等宝宝再大一些还可以做穿珠子、穿针引线等游戏，这些游戏都可以锻炼宝宝的小肌肉和注意力。

配配对 | 判断能力

目的： 训练宝宝对图形的观察和判断能力。

准备： 小球。

妈妈教你玩：

妈妈选取红色、黄色、白色等不同颜色的小球若干，然后任意取出一种颜色的小球，再让宝宝取颜色相同的小球进行配对。在宝宝熟练后，可以进行"看谁拿得对和快"的游戏。

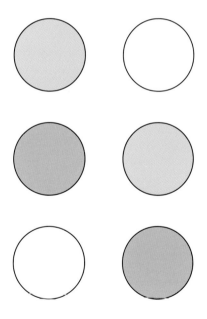

爱心提醒

宝宝配对成功后，要给予鼓励。

专题

2 岁宝宝的总结

　　宝宝已经 2 周岁了，现在的他有时令人气愤，有时很敏感，喜欢不断尝试，非常好动，而且常常会很兴奋。也许你早就听说过，2 岁的宝宝招人烦、脾气差，这是因为 2 岁是宝宝的第一个反抗期，第二个反抗期将在青春期发生。妈妈要了解，无论是青春期还是幼儿的叛逆期，都是宝宝必须经历的阶段，这些过程能够帮助他逐渐走向成熟、认识自我、认识世界，从而更好地融入社会。

运动能力发育总结

　　★ 可以自己用勺子吃饭

　　★ 可以自己洗手、洗脸

　　★ 能够滚动较大的球类，还会能把球投到篮筐里

　　★ 走路、跑步都更加自如，相比起走路，更喜欢跑步

　　★ 可以双腿跳，开始学着单腿跳，还能从高处跳下来

　　★ 学会骑三轮儿童车了

　　★ 可以独立上下楼梯（有时也需要别人帮忙）

　　★ 会开关门，还会拉关开门插

　　★ 手眼协调能力更强，穿珠子的游戏玩得更顺畅

智力发育总结

　　★ 可能会害怕火车、卡车、打雷、厕所冲水和吸尘器发出的声音，可能也会害怕下雨、刮风和野生动物

　　★ 会有自己偏好的玩具

　　★ 可以按要求指出相应的物品

　　★ 喜欢听故事，看图画书，还能够背简短的儿歌

　　★ 能够分出红、绿、黄三种颜色，懂得红绿灯的作用

　　★ 懂得"你、我、他"，理解反义词，有前后左右的方位感

　　★ 能知道大小，能分辨不同的气味，有了性别观念

与人交流能力总结

★ 可以用 2~3 个词语造句，还能够说主谓宾完整的句子

★ 能用语言表示"不"，还能用语言表示愤怒

★ 可以通过提问来和大人保持对话交流

★ 可以回答大人提出的一些简单问题

★ 可以说出那些常见物品的名称

★ 知道主动要水喝、要吃的东西，会告诉爸爸妈妈要大便和小便

情感发育和社会交往能力总结

★ 有极强的模仿能力

★ 喜欢和小朋友一起玩耍，但是还不懂得分享

★ 自我意识非常强

★ 喜欢得到关注，喜欢被夸奖

★ 会学着妈妈照顾自己的样子照顾布娃娃

★ 能够认识镜子中的自己

面对宝宝的叛逆期，妈妈要坚守的几个原则：

★ 制定几条简单的规则，把它们解释给宝宝听，并一起来坚持执行

★ 如果宝宝犯错误了，在惩罚宝宝的时候要尽量保持平和的心态

★ 表扬宝宝所做出的值得赞扬的行为

★ 告诉宝宝应该做什么、怎么做，比告诉宝宝不要做什么、不能怎么做更有用

★ 只给宝宝提供合理的、有限的选择，不能随便许下诺言

★ 教会宝宝如何面对新情况和新环境

★ 如果宝宝有一些行为可能会导致危险、伤及他人或损害物品时，除了告诉宝宝不可以，并且制止宝宝外，还要告诉宝宝为什么要制止他

★ 对待宝宝的态度，全家要保持一致，尤其是父母意见要统一

★ 不要以成年人的行为准则来规范约束宝宝，要结合宝宝的年龄特点

现在的宝宝会自己上下楼梯，自己穿脱衣服，还可以回答一些简单的问题

PART

3

2～3岁

入园前的准备

自由地跑

　　我现在运动能力越来越强了，学会了踢球玩。我还喜欢从高处往下跳，也尝试着从低处往高处蹦。我最喜欢的就是和小朋友一起自由地奔跑。

妈妈育儿备忘录

1. 宝宝走路很稳，能单独上下楼梯，并能从楼梯台阶上往下跳。

2. 宝宝已经认识交通工具，并能识别动物特征。

3. 宝宝会自己用勺子将碗中食物吃干净；会自己穿短裤、短袜；会自己穿鞋，但不分左右脚。

4. 宝宝能和其他小朋友一起玩，能离开家长半小时到一个小时。

宝宝的自理能力又得到了提升，可以自己做很多的事情了

宝宝成长小档案

	男宝宝	女宝宝
体重	9.9~15.7 千克	9.4~15 千克
身高	80.9~96.1 厘米	79.9~94.8 厘米
运动能力发展	能单脚跳，喜欢骑三轮车，平衡能力更强 喜欢折纸游戏，喜欢玩积木，会自如地使用剪刀	
心智发展	词汇量增加，能说 7 个字以上的句子，会使用形容词，用语言表达心情，会直接说出自己的需求 会数数，懂得联想，关注物品的细节	
感官与反射	能感知爸爸妈妈的爱	
社会发展	喜欢让爸爸妈妈陪他一起玩，愿意和小朋友一起玩，但还没学会合作	

宝宝发生的变化

大脑发育的高峰期

这段时间，是宝宝大脑发育的第二个高峰期，宝宝非常喜欢接触新鲜的事物，愿意去探索和认知新事物，这在很大程度上促进宝宝大脑的发育，起到开发智力的目的。

独立性越来越强

宝宝越来越独立，有了更多感兴趣的事情，喜欢按照自己的意愿做事。但是宝宝的依赖性并没有减弱，而是与独立性同步增强。

运动能力越来越强

宝宝运动能力增强，喜欢用脚踢东西玩，所以这时宝宝非常喜欢踢球的游戏。还喜欢蹦来蹦去。

宝宝的运动能力越来越强，能独自踢球玩了，但妈妈要做好宝宝摔跤的防护措施哦

宝宝的营养中心

不爱吃蔬菜怎么办

增加蔬菜种类

每天给宝宝提供 3~5 种蔬菜，并注意经常更换品种。如果宝宝仅仅拒绝吃 1~2 种蔬菜，可以试试换同类蔬菜，如不爱吃丝瓜可以改为黄瓜，不爱吃菠菜可以改为油菜等。还可以有意识地让宝宝品尝各种时令蔬菜。

改善烹调方法

宝宝的菜应该做得比大人的细一些，碎一些，同时要注意色香味。炒菜前可以把青菜用水焯一下，去掉涩味。一些味道比较特别的蔬菜，如茴香、胡萝卜、韭菜等，如果宝宝不喜欢吃，可以尽量变些花样，例如放入馅里，让宝宝慢慢适应。

爸爸妈妈要为宝宝做榜样

爸爸妈妈要带头多吃蔬菜，并表现出津津有味的样子。不要带头挑食，否则宝宝会模仿。

多鼓励宝宝

告诉宝宝吃蔬菜和不吃蔬菜的后果，有意识地鼓励宝宝，可以用一些奖励的方法。

别让宝宝吃得太饱

虽然已经 2 岁多了，但是宝宝全身各个器官还都处于娇嫩的阶段，宝宝的消化系统器官所分泌的消化酶活力比较低，量也比较少。这时候，如果宝宝吃得过饱，会加重消化器官的工作负担，引起消化吸收不良。所以，宝宝并不是吃得越多越好，而是要定时、定量。

当心染色食品对宝宝的危害

商店橱窗中那五彩缤纷的糖果和艳丽的花色蛋糕，总是会刺激宝宝们的食欲，当你看到宝宝开心地吃着这些食品时，可否想到食品上鲜艳的颜色对人体的危害？人工合成色素是用化学方法从煤焦油中提取合成的，多有不同程度的毒性，对宝宝的毒害很大，如导致智力低下、发育迟缓、语言障碍，严重者会导致停止生长发育。

国家明令禁止在宝宝食品中加任何色素。可是目前市售的儿童食品中，着色是很普遍的，拿这种儿童食品喂养宝宝是有害的。以儿童为消费对象而生产的各色甜食、冷食、饮料销量巨大，父母对宝宝饮食要求更是有求必应，受害的自然是宝宝。

爸爸妈妈们在为宝宝选购食品时，应多为宝宝的健康着想，要慎之又慎！尽量挑选不含或少含人工色素的食品，以限制色素的摄入量，尤其在夏天，爸爸妈妈们要掌握一个原则，那就是宝宝的食品，应当以天然或无公害污染产品为主。

营养
百分食谱

促进宝宝
成长

海苔卷

材料 白饭 100 克，菠菜 20 克，柴鱼 10 克，三文鱼 10 克，黄瓜 10 克，紫菜（干）5 克。

调料 酱油、沙拉酱各少许。

做法

1. 菠菜煮过后，挤干水分，备用；酱油和柴鱼片拌匀；三文鱼用沙拉酱和酱油拌匀；小黄瓜切成细丝。

2. 将切成适当大小的紫菜分成两半，放上一半量的白饭，分别放入制好的材料，再将紫菜卷紧，切成容易食用的大小即可。

宝宝护理全解说

保护好宝宝的牙齿

培养宝宝良好的口腔卫生习惯

宝宝 2 岁以后，就可以培养他自己动手漱口、刷牙了。妈妈要对宝宝有信心，多鼓励宝宝去做，不要怕他做不好。要知道宝宝是有很大潜力的，只要妈妈肯放手让宝宝尝试，宝宝很快就能掌握。一定要让宝宝养成饭后漱口，早晨起床后及晚上睡觉前刷牙的习惯。

定期给宝宝做牙齿检查

爸爸妈妈要重视宝宝牙齿的健康检查和保健，每 3~4 个月就要带宝宝看一次牙医，及时发现和治疗是预防龋齿扩展的有效方法。

3 岁以内的宝宝不能使用含氟牙膏

牙齿表面的釉质与氟结合，可生成耐酸性很强的物质，所以，为了预防龋齿，很多牙膏里都加入了氟。含氟牙膏对牙齿虽然有保护作用，但是对 2~3 岁的宝宝来说，他的吞咽功能尚未发育完善，刷牙后还掌握不好吐出牙膏沫的动作，很容易误吞，导致氟摄入过量。

3 岁以内的宝宝应使用不含氟的儿童牙膏

宝宝 TIPS

让宝宝少吃甜食，尤其是要少吃甚至不吃糖，这对预防龋齿有一定的作用。但同时要注意，不仅是糖，残留在牙齿间的所有食物，都有引起龋齿的可能，所以，在不吃糖的同时，还必须保持牙齿的清洁。

怎样应对宝宝被晒伤

预防被晒伤

经常带宝宝外出可以接受新鲜流动的空气刺激，还可沐浴阳光的照射，不仅对宝宝的皮肤有好处，对呼吸道也大有好处，应该多带宝宝到户外活动。但是到户外活动并不意味着要让宝宝在太阳底下暴晒。尽量不要在太阳光强烈的时候外出，如果需要外出也要走有阴凉遮蔽的地方。另外要给宝宝带上有宽帽檐的帽子，个别皮肤敏感的宝宝还要在皮肤的暴露部位涂抹上防晒霜，防止晒伤。

晒伤后如何处理

用西瓜皮敷肌肤：西瓜皮含有维生素C，把西瓜皮用刮刀刮成薄片，敷在晒伤的胳膊上，西瓜皮的汁液就会被缺水的皮肤所吸收。皮肤的晒伤症状会减轻不少。

用茶水治晒伤：茶叶里的鞣酸具有很好的促进收敛作用，能减少组织肿胀，减少细胞渗出，用棉球蘸茶水轻轻拍被晒红处，这样可以安抚皮肤，减轻灼痛感。

水肿用冰牛奶湿敷：被晒伤的红斑处如果有明显水肿，可以用冰的牛奶敷，每隔 2~3 小时湿敷 20 分钟，能起到明显的缓解作用。

服驱虫药时应注意饮食调理

1. 以前服驱虫药要忌口，而目前的驱虫药无须严格地忌口，在驱虫后可吃些富有营养的食物，如鸡蛋、豆制品、鱼、新鲜蔬菜等。

2. 驱虫药对胃肠道有一定的影响，所以，饮食要特别注意定时、定量，不要过饱或过饥，过量的营养会使胃肠道功能紊乱。

3. 服驱虫药后要多喝水，多吃含膳食纤维的食物，如坚果、芹菜、韭菜、香蕉、草莓等。水和植物纤维素能加强肠道蠕动，促进排便，可及时将被药物麻痹的肠虫排出体外。

4. 要少吃易产气的食物，如红薯、豆类，以防腹胀；也要少吃辛辣和热性的食物，如辣椒、狗肉、羊肉等，因这些食物会引起便秘而影响驱虫效果。

5. 钩虫病及严重的蛔虫病患者多伴有贫血，在驱虫后应多吃些红枣、瘦肉、动物肝脏、鸡鸭血等补血食品。

6. 在夏季进食的生冷蔬菜和水果最多，因此，感染蛔虫的机会较大。到了秋季，幼虫长为成虫，都集中在小肠内，如果这时服驱虫药，可收到事半功倍的效果。

驱虫后要给宝宝增加营养

益智游戏小课堂

买水果 | 认知能力

目的：通过这个训练能提高宝宝的语言表达能力和认知能力。

准备：水果卡片。

妈妈教你玩：

1. 妈妈提前将准备好的一些玩具水果或水果卡片放在桌子上，让宝宝提着小篮子或小口袋来买水果。

2. 妈妈让宝宝说出名称，说对了就可以让宝宝将"水果"放到篮子中，说不对就不给宝宝"水果"。

3. 如有剩下的几种水果宝宝认不出来，就教宝宝辨认，直到宝宝将新提示的所有水果都买走。

4. 当宝宝知道了所有水果的名称后，让宝宝当卖者，妈妈可以故意说错 1~2 种水果名称，看看宝宝是否能听得出来，能否及时纠正。

西瓜

草莓

桃子

香蕉

爱心提醒

水果的种类可以不断变换，来保持宝宝的兴趣。当宝宝说对了水果的种类时，妈妈要及时给予鼓励。

向墙壁投球 | 精细动作能力

目的： 通过这个游戏能训练宝宝手臂的力量和敏捷性，增进爸爸和宝宝间的亲子感情。

准备： 皮球。

妈妈教你玩：

1. 妈妈首先给宝宝做个示范。
2. 让宝宝使出全身力气往墙壁投出一球。
3. 然后再让他跑去接反弹回来的球。
4. 虽然刚开始球会四处弹跳，但是经常多次练习后，宝宝就能够控制方向了。

爱心提醒

　　不要让宝宝的手臂使用过度，要安排适当的游戏时间。

专题

11条防拐骗对策
让宝宝平安外出

　　每个宝宝都是上天赐予家庭的礼物，都是父母的心头肉。带宝宝外出时，尤其要注意种种拐骗手段，做好防范工作，尽自己的努力去保护我们的宝宝！8种最让人放松警惕的拐骗场所：医院；火车站、长途车站；商场、菜市场；餐厅；公园、游乐场；路边；小区；家中。

如须聘请保姆，要核实好身份

　　如聘请保姆，最好通过正规家政公司聘请保姆，保留其身份证复印件和清晰的生活近照，核查其家庭电话、地址等信息，留意经常与保姆往来的人。万一保姆拐走了宝宝，警方可以利用这些信息尽快展开解救工作。

外出留意四周情况，不要带宝宝到偏僻人少的的地方

　　不足1岁的宝宝外出，尽量使用婴儿专用背带。坐手推车的宝宝要系好安全带；将宝宝放在自行车后座时，注意系好安全带，或让一名家长在后面看着，并注意防范后面来的摩托车、面包车等。

不要让陌生人抱宝宝

　　要提防经常在公园、小区、商场、超市、医院、幼儿园门口转悠的形迹可疑的人。发现陌生人抱宝宝试图离开时，不要犹豫，马上呼救，冲上去抢过宝宝并请周围的人抓住人贩子，然后打110报警。

教宝宝拒绝陌生人的糖果、饮料、礼物和摸抱，不跟陌生人走

　　不要让宝宝在没有大人看护的情况下跟随陌生人，包括同龄小朋友外出玩耍，以防犯罪分子用各种手段骗取宝宝的信任，伺机拐骗。

带宝宝外出，最好有父母或有社会经验的家人看管，而不是小保姆

当带宝宝到大型商场、热闹街道或大型活动场所的时候要特别注意，不能由毫无社会经验的小保姆照看，给犯罪分子可乘之机。

带宝宝外出时，不要让宝宝离开自己的视线

在人多的地方，千万不要让宝宝离开自己的视线。购物时，可用带子将宝宝的衣服牢牢系在手推车上，让人贩子不容易轻易抢夺。

经常教育保姆和家人提高防范意识

不要让宝宝独自在门外玩耍；带宝宝在小区玩耍时要提高警惕；家里的门要时刻关好，不是家人或熟悉的人不能开门。

宝宝能说话时，教授相关本领，进行安全教育

教宝宝背诵家庭电话号码、地址、父母单位等信息；教会宝宝辨认警察、军人、保安等穿制服的人员，告知其如遇特殊情况可向这些人员求助；并教会宝宝拨打110，并模拟特殊场景进行训练。

熟记宝宝的体貌及当日的衣着特征

要谨记宝宝身上一些明显的体表特征，如胎记等；宝宝一旦失踪，必须及时报案，不要抱着侥幸与犯罪分子私了。给宝宝带有家庭相关信息的物品，但不要太明显，以免被犯罪分子利用。

千万不要让陌生人照看宝宝

当没有时间或精力照顾宝宝时，最好将宝宝交给可信赖的亲朋好友。不能轻易相信任何主动接近宝宝的陌生人，包括雇工、老乡、新认识的朋友等。

在医院不要把新生儿交给不认识的医护人员

产妇及陪护家人在睡觉或休息时，最好锁上门。当医护人员提出要带宝宝去检查时，家人一定要跟着去，千万不要把宝宝单独交给穿白大褂的陌生人。

我要吃

教育宝宝不要轻易接受陌生人的食物，更不能主动索要

第 109~120 周 (31~36 个月宝宝)

小小外交家

　　我马上了岁了，也就是说我要上幼儿园了，但是我一点也不害怕，因为我喜欢和小朋友一起玩耍，那样我会非常快乐，大家都说我像外交家，我很喜欢这个称呼哦。

妈妈育儿备忘录

1. 让宝宝自己定时定点吃饭，饭前饭后洗手，玩玩具后自己收拾好，养成良好的生活习惯。

2. 鼓励宝宝跑、跳、上下楼梯、滑滑梯、荡秋千、金鸡独立、骑三轮车等，以增强体质，促进协调发展。

3. 有计划地开展玩泥塑、拼插造型、涂涂画画、摆弄积木等活动，来促进宝宝手、眼、脑的协调性，开发创造性思维。

4. 培养宝宝的观察能力，如认识事物、广交朋友、学习和同伴分享玩具和食品等。

5. 让宝宝理解前后、左右、多少、长短、高矮、快慢等概念。

6. 给宝宝讲故事，学习其中的关键汉字，开展"汉字游戏"。

7. 让宝宝学会自我介绍：如名字、年龄、性别，会说出爸爸、妈妈的名字等。

8. 培养宝宝的独立意识、自尊心、自信心、同情心以及自控能力。

9. 鼓励宝宝广交伙伴，学习与人交往，促进语言能力的发展。

10. 培养宝宝守规矩、懂礼貌的品格。

宝宝成长小档案

	男宝宝	女宝宝
体重	10.8~17.2 千克	10.3~16.8 千克
身高	85.4~100.6 厘米	85.4~99.7 厘米
运动能力发展	走、蹲、跑、站、摸、爬、滚、登高、跳远、跳跃障碍无所不能，喜欢画画、堆积木、捏橡皮泥、折纸、玩电动玩具	
心智发展	已经可以与他人进行流畅的对话了 开始试着说一些复合句	
感官与反射	能够感知爸爸妈妈的爱	
社会发展	愿意参与同龄伙伴的活动	
预防接种	甲肝疫苗：出生后 36 个月第 2 次接种 A+C 流脑疫苗：出生后 36 个月进行加强	

宝宝发生的变化

不知疲倦，不停地活动

在这个时期，宝宝学会了奔跑，能用左右脚踢球，而且能抓住栏杆上下台阶。不仅如此，宝宝还能玩"剪刀、石头、布"的游戏。宝宝出生 24 个月以后，走路的步幅变小了，走起路来非常稳。

语言能力飞速提高

在这个时期，宝宝运用词汇和造句的能力快速提升，成天叽叽喳喳地说话。但是，由于掌握的词汇比较少，所以表达能力较差，还不能正确地表达自己的想法。此时，宝宝经常重复"但是""那是""这个"等词汇。妈妈应该耐心地听宝宝说话，然后用正确、完整的句子回答。

进入第一反抗期

在这个时期，"我自己来做"等自我主张会愈来愈多。一般情况下，宝宝从第 25 个月开始逐渐形成自我概念和自控的能力，而且有了喜欢和厌恶的观念。

具有丰富的想象力和思考能力

宝宝在 36 个月左右，好奇心和想象力会愈来愈丰富。在这个时期，宝宝会经常编造不存在的事情，但宝宝并没有恶意，也并非故意的，只是因为他不能正确区分空想和现实而已。

宝宝的营养中心

培养良好的饮食习惯

想要培养宝宝好的饮食习惯，爸爸妈妈首先要养成好的饮食习惯，不要忽视父母的榜样作用。

让宝宝和大人一起用餐，可以促进宝宝的食欲。

增加每餐的食物种类，各种蔬菜、肉、蛋、米面、粗粮、鱼虾类等，另外还可以增加每餐的颜色搭配，用色彩增加宝宝吃饭的欲望。

吃饭的时间要固定。

可以选择健康的零食，要减少零食中糖和脂肪的含量。

让宝宝养成多喝水的习惯，牛奶、酸奶每天都要喝，少喝果汁，不喝碳酸饮料。

不要只是给宝宝吃所谓高营养的食物。

不要在饭桌上评论饭菜，不要宝宝还没吃，就说这个菜太甜、太辣之类的话。

要尊重宝宝的吃饭习惯，不要强迫宝宝吃饭。

不能满足宝宝不合理的饮食要求，不给宝宝吃快餐。

警惕那些含糖量高的食物

世界养生保健协会将糖分的适当摄取量规定为不超过全天碳水化合物总摄入量的 10%，按此要求，不满 1 岁的宝宝，一天不能摄入超过 18.8 克的糖分；1~3 岁的宝宝，一天不能摄入超过 30 克的糖分。

但实际上，二分之一杯的冰激凌里就含有 14 克糖分，1 大勺番茄汁里含 4 克，一颗巧克力里含有 10 克的糖分。而且，包括减肥可乐、无糖饮料也不能让人完全放心，这类食品一般都使用甜味素来显出甜味。因此，很容易就超过需要的量。

宝宝饮食过于精细反而不好

太精细的粮食会造成某种或多种营养物质的缺乏，长期食用易引发一些疾病。因此，粗纤维食品对宝宝来说是不可缺少的。经常吃一些粗纤维食物，如芹菜、油菜等蔬菜，能促进咀嚼肌的发育，并有利于宝宝牙齿和下颌的发育；能促进肠胃蠕动，提高胃肠消化功能，防治便秘；还能具有预防龋齿和结肠癌的作用。妈妈在给宝宝做粗纤维含量高的饮食时，要做得软、烂，以便于宝宝咀嚼、吸收。

根据季节特点为宝宝选择食物

春天是宝宝生长发育比较快的季节，可以多吃一些含钙、蛋白质丰富的食物，如牛奶、虾米等。夏天应该多吃一些清爽的食物，如冬瓜、菠菜、萝卜、苹果、草莓、百合等各类蔬菜瓜果。秋天可以多吃些滋阴润燥的食物，如荸荠、藕、山药等。冬天应多吃一些富含热量、高蛋白、有滋补作用的食物，如羊肉、鸭肉、红薯、红枣、核桃、萝卜等。

营养
百分食谱

增强记
忆力

果酱松饼

材料 低筋面粉 50 克，配方奶粉 25 克，鸡蛋 1 个。

调料 白糖 5 克，果酱 5 克，色拉油适量。

做法

1. 低筋面粉和配方奶粉一起过筛子，加入鸡蛋、白糖和适量的水，和成面糊。

2. 将色拉油倒入平底锅中烧热，分次倒入面糊，煎成金黄色，蘸果酱食用即可。

宝宝护理全解说

教宝宝使用勺子、杯子

使用勺子

宝宝到了一定年龄时，会喜欢抢勺子，这时候，聪明的妈妈会先给宝宝戴上大围嘴，在宝宝坐的椅子下面铺上塑料布，把盛有食物的勺子交到宝宝手上，让他握在手里，妈妈握住宝宝的手把食物喂到宝宝的嘴里。慢慢地妈妈可以自己拿一把勺子给他演示盛起食物喂到嘴里的过程，在宝宝自己吃的同时也要喂给他吃一些。别忘了用较重的不易掀翻的盘子或者底部带吸盘的碗。这个过程需要妈妈做好容忍宝宝吃得一塌糊涂的心理准备。

使用杯子

最开始的时候，妈妈可以手持奶瓶，并让宝宝用手扶着，再逐渐放手。接着可以逐渐脱离奶瓶，在妈妈的协助下用杯子喝水。宝宝所使用的杯子应该从鸭嘴式过渡到吸管式，从软口转换到硬口。

最好选择厚实、不易碎的吸管杯或双把手水杯，妈妈先跟宝宝一起抓住把手，喂宝宝喝水，直到宝宝学会，能随时自己喝水为止。

应对宝宝说脏话的策略

处理方法	具体方法
冷处理	当宝宝口出脏话时，爸爸妈妈无须过度反应。过度反应对尚不能了解脏话意义的宝宝来说，只会刺激他重复脏话的行为，他会认为说脏话可以引起爸爸妈妈的注意。所以，冷静应对才是最重要的处理原则。不妨问问宝宝是否懂得这些脏话的意义。他真正想表达的是什么。也可以既不打他，也不和他说道理，假装没听见。慢慢地，宝宝觉得没趣自然就不说了
解释说明	解释说明是为宝宝传达正面信息、澄清负面影响的好方法。在和宝宝的讨论过程中，应尽量让他理解，粗俗不雅的语言为何不被大家接受，脏话传递了什么意义
正面引导	爸爸妈妈要细心引导宝宝，教他换个说法试试。彼此定下规则，随时提醒宝宝，告诉他要克制自己不说脏话，做个礼貌的乖宝宝

宝宝开始使用杯子和勺子的时候，肯定会动作不协调，这个时候妈妈要耐心地教宝宝正确的动作

忌在吃饭时训斥宝宝

有些做父母的，往往在饭前训斥或骂宝宝，弄得宝宝总是愁眉苦脸，抽泣或者号哭，可不知这样做对宝宝害处有多大！

1. 宝宝边哭边吃，饭粒、碎屑和水很容易在抽泣时跑到气管里。宝宝突然受到大人责备，由于强烈的外界刺激，使食欲可能消失，唾液分泌骤减，甚至停止。这时宝宝吃的饭不能与唾液充分混合，尤其是吃坚硬粗糙的食品时，很容易划破食道，破坏胃肠壁黏膜层，引起炎症。

2. 每当就餐前，消化腺就开始分泌消化液，如果这时候突然受到大人的训斥，那么本来已出现的强烈食欲愿望和建立起来的兴奋会受到抑制，消化液分泌大减，引起消化不良。长此下去，形成条件反射，宝宝一上饭桌就准备挨骂，对宝宝的身心健康极为不利。

训练宝宝主动控制排尿、排便

在宝宝养成定时坐便盆大小便的习惯后，省去了大人的许多麻烦。但是，还应该注意训练宝宝主动控制排尿、排便。

这个年龄的宝宝，由于自主活动能力增强，对大小便的控制能力也有所提高，大人可以开始有意识地训练宝宝主动控制排尿、排便。

有时，宝宝因贪玩而憋尿或憋大便，这时家长应及时提醒宝宝排尿或大便。倘若宝宝一夜不小便，起床后应先让他小便，以免宝宝憋尿的时间过长，不利于膀胱和肾脏的健康。

在训练宝宝大小便时，还要注意规范宝宝的排便行为。如不要随地大小便、不要在大庭广众之下解开裤子大小便等。发现这种情况时，家长应耐心开导说服宝宝在厕所大小便。通过大小便训练，可使宝宝对肛门、尿道刺激、皮肤接触的需求正常发展，养成良好的卫生习惯，有利于宝宝的身心健康。

培养宝宝自己穿衣的兴趣

宝宝马上要入幼儿园了，这就要求宝宝具备一定的生活自理能力，这就包括独立的穿衣服等，那么父母平时应该如何锻炼宝宝自己穿衣呢？

1. 宝宝开始学习穿衣服的时候，爸爸妈妈可以帮助宝宝调整手的位置，让他顺利穿上袖子，这样既可以保证整个穿衣服都是宝宝自己进行的，还能增强宝宝的自信心。

2. 宝宝学习东西如果和游戏结合在一起，往往会收到事半功倍的效果。比如妈妈可以一边协助宝宝将小手放进袖子里，可以一边说"咦，看不见宝宝的小手了""看到了宝宝的小手，呵呵"等，宝宝既可以享受游戏的快乐，还能轻松学习穿衣服。

3. 3 岁的宝宝喜欢和别人比赛，如果胜利了，宝宝会非常开心。爸爸妈妈可以和宝宝进行穿衣比赛，穿衣的时候可以故意找不到衣服的袖子，袜子穿歪了等，同时可以适当发出"妈妈就要穿好了"，让宝宝在开心的笑声中不由自主地加快速度。可以让宝宝多赢几次，既可以满足宝宝的自豪感，还能增加宝宝穿衣的兴趣。

益智游戏小课堂

摄像机里有我的声音 | 语言能力

目的： 让宝宝在愉快的心情下做游戏，同时培养宝宝的语言能力。

准备： 摄像机。

妈妈教你玩：

1. 将手机或摄像机打开，开启录音或摄像状态。
2. 让宝宝开始唱歌。刚开始，妈妈也可以跟着一起唱，以制造愉快的氛围。
3. 即使有人唱错也不要停，继续录下去，等听的时候会更有趣。
4. 让宝宝听一两次自己在录音机里的声音，或看看自己的模样，宝宝会觉得很有趣，更想要唱歌。
5. 让宝宝听听自己的声音，也能练习正确的发音。
6. 有客人来拜访时，让客人听听宝宝所录的声音。

爱心提醒

将宝宝的歌声、画面录制下来再一起听，这将会是很有趣的时光，也将在宝宝的成长过程中留下美好的记录。

协同合作游戏 | 社交能力

目的： 让宝宝提升社交能力，交到朋友，在游戏中培养相互的默契。

准备： 无。

妈妈教你玩：

1. 妈妈带着宝宝到有同龄宝宝的邻居家串门。
2. 让宝宝们一起玩游戏，如盖房子、拍手、拉大锯等，鼓励宝宝与同伴一起玩耍。
3. 给宝宝们相同的玩具，避免他们争夺。
4. 在玩游戏的过程中，当一个宝宝做一种动作或出现一种叫声时，另一个宝宝会立刻模仿，然后互相笑笑，这样可增加亲密感。

爱心提醒

协同的游戏是这一时期最好的游戏方式，妈妈要想办法为宝宝创造这种一起玩的条件。

专题

怎样解决
宝宝入园问题?

很多宝宝早在 2 岁半就已经入园了，但是大部分宝宝还是 3 周岁开始入园。送宝宝去幼儿园不仅是对宝宝的考验，也是对爸爸妈妈的考验。在送宝宝入园之前要做哪些准备，宝宝入园会遇到哪些问题? 应该如何面对、如何解决，爸爸妈妈要做到心中有数。

是否具备基本的入园能力?

在爸爸妈妈准备将宝宝送到幼儿园去之前，可以给宝宝做个小测验。

- 会自己用勺子吃饭、用杯子喝水吗?
- 会自己洗手、洗脸、擦嘴吗?
- 大小便能自理吗?
- 会穿脱鞋袜以及简单的衣服吗?
- 具有一定的语言表达能力了吗?
- 能听懂别人的话，能自由地和别人交流吗?

在入园之前掌握这些基本生活自理能力是非常必要的，如果想要让宝宝在幼儿园的生活更顺畅，爸爸妈妈就要放手让宝宝学会自立，不要再什么都代替宝宝去做。

如何让宝宝愿意入园

平时让宝宝自己选择一个"再见"的游戏，帮助他逐渐习惯妈妈不在身边。你在走之前也要告诉他，妈妈去工作了，下班后就会回来陪你玩。

提前带宝宝去参观幼儿园。最好是在其他小朋友都在的情况下，这样宝宝就可以亲身体验幼儿园的生活。你可以鼓励宝宝与其他小朋友一起玩，以增加他对上幼儿园的期待。

和宝宝一起准备入园的物品，给宝宝更多的自主权，比如入园用的小书包、小杯子之类的，让宝宝自己挑，宝宝喜欢哪个就用哪个，以此减轻宝宝入园的焦虑感。

当宝宝表示不愿意上幼儿园时，爸爸妈妈应想办法转移宝宝的注意力，尤其是不要当着其他人的面重复提起宝宝不愿意上幼儿园的事，应尽量淡化宝宝不愿入园这件事而不是刻意强调。

如何安抚不愿入园的宝宝

首先你必须坚定送宝宝去幼儿园的决心。尤其是妈妈，不要看到宝宝撕心裂肺地哭闹，自己也在一旁抹眼泪，这样会把不良的情绪传递给宝宝。

爸爸妈妈要平淡应对宝宝的哭闹，要让宝宝知道，哭闹是不行的，在这个阶段必须去幼儿园。如果实在不忍心看宝宝哭，可以将宝宝搂在怀里，但是不要说话，只是等他慢慢平静下来后，再告诉宝宝："你是最棒的，妈妈相信你肯定会愿意上幼儿园的。"

为了安慰宝宝，爸爸妈妈可以在去幼儿园之前，与宝宝做一些约定。比如在去幼儿园之前，妈妈可以答应宝宝的一个要求，然后与宝宝约定等宝宝从幼儿园回来就会兑现这个承诺。但是妈妈一定信守承诺，答应的就必须做到。

如何度过分离焦虑期

★ 过分依赖的宝宝

特点：独立性差，不愿离开家人，大声哭闹，常常把"要妈妈"挂在嘴边等。

解决办法：不要让宝宝最依恋的人送宝宝去幼儿园。把宝宝送进幼儿园后，家长要表情平淡，果断地离开。

★ 性格内向的宝宝

特点：从不大哭大闹，能对老师的语言做出反应，但从表情上看并不开心，常常自己躲在一边玩或想心事。

解决办法：经常表扬宝宝，如"宝宝离开妈妈没有哭，真棒"等。

★ 胆小的宝宝

特点：胆小，适应力差，看到老师十分紧张。

解决办法：提前一段时间多带宝宝到幼儿园，多看多玩，引导他熟悉幼儿园的老师和小朋友。

★ 情绪容易波动的宝宝

特点：刚开始时会被新环境吸引，不哭不闹。几天后，新鲜感逐渐消失，便会开始哭闹。

解决办法：对宝宝开始入园时的表现进行表扬，经常夸他勇敢、懂事，鼓励宝宝保持"不哭"的好行为。

★ 脾气暴躁的宝宝

特点：脾气急躁，早晨入园时对爸爸妈妈又踢又打，爸爸妈妈离开后就会平静，很容易接受老师的劝说。

解决办法：当宝宝出现踢、打现象时，对他进行冷处理，待宝宝平静后再讲道理。对宝宝的优点要多鼓励、多表扬。

附录 时尚辣妈的育儿新招

宝宝安全奶瓶——破碎后玻璃碴不伤人

适合年龄：0~2岁

现在有一款非常适合宝宝使用的安全奶瓶，这种奶瓶抗破碎性非常好，不易破碎。强度能达到普通玻璃的4倍。当其破碎时，则分裂成均匀、无锋利口不易伤人的小颗粒，是一款非常适合宝宝使用的安全玻璃奶瓶。

硅胶乳头保护贴——防咬伤、防皲裂

柔软无味的硅胶材质给乳头最佳的呵护，超薄的质地丝毫不影响宝宝顺畅吃奶，是防止哺乳期内咬伤及乳头皲裂、破溃的理想产品。其完美贴合乳头的设计，适合于扁平、短小或内陷的乳头使用。还能有效防止乳晕的色素沉淀，让爱美的妈妈更好地呵护自己。

适合年龄：6个月~3岁

宝宝体温计——可测耳温、额温

适合年龄：6个月~3岁

如果感觉宝宝发烧了，可以用这款产品测体温。但是测耳温、额温的时候，要避免耳道有过多的耳垢、额头有过多的汗水，否则会影响测量结果。这款体温计测量更方便、更快捷。

防碎屑围嘴——兜住从宝宝嘴里漏下的食物

适合年龄：6 个月～3 岁

这款围嘴采用人体工程学设计，完美贴合宝宝。柔软舒适的围嘴可接住从宝宝嘴里漏下的食物。颈带为柔软的串珠环，并带有可调节按扣。而且清洗只需要用清水冲洗即可。

驱蚊手环——让宝宝远离蚊子的骚扰

适合年龄：0～3 岁

夏天，很多宝宝外出玩耍时，经常会被蚊虫叮咬，这款驱蚊手环，可以帮助宝宝消除这种烦恼。内含香茅草精油、柠檬尤加利精油、薰衣草提取物等纯天然精油成分，可以帮助宝宝避开蚊虫的叮咬，还能安定情绪，消除沮丧。

硅胶沐浴刷——可按摩

适合年龄：0～3 岁

这款沐浴擦用100％耐高温日本进口硅胶原料制作，柔软度极好。不会伤及宝宝的皮肤，并且按摩后，会令宝宝感到更舒适。本品操作简单，携带方便，适合家庭沐浴使用。

洗手液——天然免洗

适合年龄：6 个月～3 岁

当宝宝玩耍后，手非常脏，又没有水可以洗手的时候，有一款非常适合宝宝使用的免洗洗手液，不含酒精，非常温和，不会伤害皮肤，挤出来的液体是泡沫型的，洗完后，宝宝瞬间可以安全地去拿东西的。

宝宝温感匙羹——食物温度超过43℃匙羹会变色

适合年龄：4个月～3岁

高品质PP材料制造，高温下也不会释放有毒物质。专为宝宝设计，具备感温功能，当食物温度超过43℃时，匙羹前端部分将由原有颜色变为白色，当食物温度低于43℃时，匙羹前端部分会逐步恢复到原有颜色。便于妈妈掌握食材温度，给宝宝更多的呵护。

保温餐盘——让宝宝的饭菜不变凉

适合年龄：4个月～3岁

盘子是空心设计，盘边有可打开的入水口，将温水装入后盛装宝宝的食物，靠水的温度来保持食物的温度。吃饭的时候宝宝即使顽皮好动一会儿，饭菜也不容易凉，温热的食物有益于宝宝的脾胃健康。

卡通趣味练习筷子——拿在手上不脱落

适合年龄：1岁6个月～3岁

这种筷子是连体设计，每根筷子都带有插入手指的塑料环，其中一根筷子带一个能插进宝宝拇指的塑料环，另一根筷子带两个能插进宝宝食指和中指的塑料环，能让宝宝习惯正确的拿筷姿势，即使用不好筷子，筷子也不会从小手上脱落哦！

带盖吸盘碗——将碗牢牢吸在桌面上

适合年龄：6个月～3岁

这种碗底座设计有吸盘，能将碗牢牢地吸附在桌面上，克服了自己能吃饭的宝宝容易将碗内的食物倾倒的难题。还带有防热手柄及独立的密封盖，便于存储和携带宝宝的食物。